Django Web
开发项目化教程

陈运军　何顶军　汪洋　主编

谢宇　高娜　袁兵　田正卫　林崇伟　副主编

清华大学出版社

北　京

内 容 简 介

党的二十大报告强调，"推动战略性新兴产业融合集群发展，构建新一代信息技术、人工智能、生物技术、新能源、新材料、高端装备、绿色环保等一批新的增长引擎"。本书积极响应这一号召，结合 IT 行业和信息技术发展趋势，以 Django 框架为关键技术，以图书在线交易平台设计和开发为案例，采用"项目引领、任务驱动"的编排方式进行编写。全书共分 4 个项目、50 个任务，通过图书添加、图书查询、图书购买、在线支付、上线部署等任务较全面地介绍了 Django 框架的视图、路由、模板等关键技术，重点强化和突出了与 Web 应用程序开发相关的核心技能。

本书可作为职业院校软件技术等相关专业的教材，也可以作为对 Web 应用程序开发感兴趣的人员的参考书。

图书在版编目（CIP）数据

Django Web 开发项目化教程 / 陈运军，何顶军，汪洋主编.

北京：清华大学出版社，2025.7. -- ISBN 978-7-302-69820-3

Ⅰ. TP311.561

中国国家版本馆 CIP 数据核字第 2025Z0W093 号

责任编辑：孙汉林
封面设计：傅瑞学
责任校对：李　梅
责任印制：沈　露

出版发行：清华大学出版社
　　　　网　　　址：https://www.tup.com.cn，https://www.wqxuetang.com
　　　　地　　　址：北京清华大学学研大厦 A 座　　　邮　　编：100084
　　　　社　总　机：010-83470000　　　　　　　　　邮　　购：010-62786544
　　　　投稿与读者服务：010-62776969，c-service@tup.tsinghua.edu.cn
　　　　质量反馈：010-62772015，zhiliang@tup.tsinghua.edu.cn
　　　　课件下载：https://www.tup.com.cn，010-83470410
印　装　者：三河市君旺印务有限公司
经　　　销：全国新华书店
开　　　本：185mm×260mm　　　印　　张：13.75　　　字　　数：312 千字
版　　　次：2025 年 8 月第 1 版　　　　　　　　　印　　次：2025 年 8 月第 1 次印刷
定　　　价：49.00 元

产品编号：111558-01

前　言

推动战略性新兴产业融合集群发展,加快发展数字经济,是实现"网络强国、数字中国"这一宏伟目标的重要抓手。新一代信息技术作为战略性新兴产业之一,已写入党的二十大报告。学习、研究、传承、推广和应用新一代信息技术,培养德才兼备的高技能人才,践行人才强国战略,赋能实体经济,是教育者的历史使命。Django 是基于 Python 语言的优秀开源框架,可用于快速开发 Web 应用程序,帮助企业加快数字化转型步伐,从而降低企业管理成本和运营成本,提高企业盈利水平和市场竞争力。

Django 基于 MVC(model-view-controller,模型—视图—控制器)设计模式,它的 MVT(model-view-template,模型—视图—模板)模式及强大的后台管理功能,可以让开发者轻松、快捷地创建出可扩展、易维护的 Web 应用程序。通过本书的学习,读者可掌握如何使用 Django 框架构建高效、安全、可扩展且易于维护的 Web 应用程序。

本书以开发图书在线交易平台为案例,采用项目化、任务化、步骤化的方式,由浅入深地介绍了 Django 4.0 的关键技术。主要包括以下内容。

项目 1,走进 Web 开发世界。该项目设计了 5 个教学任务,其中核心任务是任务 1.1、任务 1.5,拓展任务是任务 1.2、任务 1.3、任务 1.4。该项目主要为读者进行 Django 开发做知识准备和技能准备。基础好的读者可以直接练习环境搭建,为项目 2 做好开发准备;对于基础稍差的读者,建议除完成任务 1.2、任务 1.3、任务 1.4 的练习外,还需要加强对前端计算机基础、数据库和 Python 的学习或复习。

项目 2,体验 Django 项目。该项目设计了 27 个教学任务,其中核心任务是任务 2.1、任务 2.3、任务 2.5、任务 2.11、任务 2.13、任务 2.15、任务 2.18、任务 2.25;其余 19 个为拓展任务。该项目重点训练读者对 Django 项目的搭建能力、模型类的初步编写能力、视图函数的初步编写能力、项目的基本配置能力、URL 路由的初步配置能力、数据迁移能力以及通过 Django 提供的 API 对数据库数据的增、删、改、查能力。

项目 3,实现项目核心模块。该项目设计了 15 个教学任务,其中核心任务是任务 3.1、任务 3.3、任务 3.7、任务 3.9、任务 3.11、任务 3.13、任务 3.14,其余 8 个为拓展任务。该项目通过一个完整的在线图书项目,重点训练读者的项目规划和设计能力、模型类的熟练编写能力、视图类和视图函数的熟练编写能力、项目和 URL 的熟练配置能力、模板页面的熟练编写能力、Admin(超级管理员)账号后台的操作能力、初步的权限管理能力、第三方支付平台的接入能力以及项目调试和综合解决问题的能力。

项目 4,项目部署与上线。该项目设计了 3 个教学任务,其中任务 4.1 为核心任务,任务 4.2 和任务 4.3 为拓展任务。该项目重点训练读者对 Django 项目的部署能力,特别是 Windows 平台"Aapache+mod_wsgi"的部署能力,在 CentOS 上的部署可供教学者和读者进行选择。真实应用一般是部署到 Linux 平台,使用 Windows 平台部署的较少,建议读者掌握 Linux 下"Nginx+uWSGI+Django"的部署。

本书以 OBE(outcomes-based education,成果导向教育)为理念,以"项目化、任务化、步骤化、实战化、目标化、系统化"为特色,着重培养读者 Django 开发的关键技术、核心技能和 IT 人才基本素养。

(1) 项目化:根据 Django Web 开发对人才的核心需求,将图书在线交易平台开发项目分解为多个子项目。通过对各个子项目的实践演练,读者可以逐步掌握电商平台的开发技能。

(2) 任务化:将每个子项目分解为若干粒度适中、便于自学和教学的任务。通过对每个任务的实践演练,读者可以掌握各子项目必备的技能。

(3) 步骤化:每个任务都有明确的步骤,读者只需严格按照各步骤的提示和操作就能顺利完成项目。

(4) 实战化:以真实项目为背景,以实战任务为驱动,摒弃系统的理论介绍和生僻术语的讲解,为每个实战任务提供详细的步骤分析和完整的代码示例。

(5) 目标化:以师范类职业院校计算机相关专业学生为主要用户群体(用户目标),以培养 Django Web 开发的核心技能和基本素养为目的(课程目标),每个任务均设置了任务目标。

(6) 系统化:本书所有任务是一个有机整体,并非独立的单元。读者通过对一个个任务的演练掌握开发各子项目的技能,通过对子项目的演练掌握开发整个电商平台的技能。为了使读者熟练掌握核心技术、关键技能,本书将关键技能分散到每个任务中,并做到由易到难、适度重复。

本书在每个项目后均安排了"拓展阅读"栏目,通过对版权保护、网络安全、商业秘密、电信诈骗等法律法规的讲解,培养读者遵纪守法的意识;通过介绍我国公有云服务行业现状、超级计算机行业、华为公司等,增强读者的爱国情怀和民族自豪感。

本书由陈运军、何顶军、汪洋担任主编,由谢宇、高娜、袁兵、田正卫、林崇伟担任副主编。具体分工如下:项目 1 由陈运军编写,项目 2 和任务 3.1～任务 3.10 由何顶军编写,任务 3.11～任务 3.15 由谢宇编写,项目 4 由汪洋编写;书中意识形态内容由高娜审校,案例由袁兵审校,源代码由田正卫审校,图片、表格由林崇伟审校;配套微课视频、PPT、源代码、习题、课标、教案等由何顶军制作。

本书能够顺利面世,衷心感谢全体编者的辛勤付出,衷心感谢泸州职业技术学院领导和教职工的支持和帮助。

教学和学习建议：本书所有任务中，没加"＊"标注的为核心任务，可作为教学和学习的重点内容；凡加"＊"的任务为拓展任务，可供读者选择性使用。

由于编者水平有限，书中难免存在疏漏和不当之处，真诚恳请读者批评指正。

编　者

2025 年 3 月

目　录

项目 1 走进 Web 开发世界

任务 1.1 初识 Web 应用程序

任务描述

开发一个完整的企业级 Web 应用程序,需要了解许多相关的专业知识、行业知识和业务常识,需要掌握常用的开发工具和开发技术。通过本任务的训练,可以加深对有关 Web 概念的认识,领会 C/S 架构和 B/S 架构的精髓,初步认识 Django 的 MVT 框架,深刻理解 Web 应用程序开发的主要流程,为后续开发 Web 应用程序奠定基础。

Web 应用
程序概述

任务目标

- 了解 Web 的基本概念。
- 了解 Web 的发展阶段及特点。
- 理解 C/S 架构和 B/S 架构。
- 认识开发 Web 应用程序的基本流程。
- 了解 Django 的 MVT 框架。
- 理解 MVC 框架与 MVT 框架的关系。

任务实施

1. 认识 Web

1) Web 的概念

通常所说的 Web 是指全球广域网(world wide web,WWW)也称为万维网,它是一种基于超文本传输协议(hypertext transfer protocal,HTTP)、全球性、动态交互、跨平台的分布式图形信息系统。Web 是建立在 Internet(国际互联网,也称因特网)上的一种网络服务,为浏览者在 Internet 上查找和浏览信息提供了图形化、易于访问的直观界面,其中的文档及超级链接将 Internet 上的信息节点组织成一个互为关联的网状结构。

2) Web 的发展阶段

(1) Web 1.0。Web 1.0 最早的网络构想源于 1980 年由 Tim Berners-Lee(英国计算机科学家)构建的 ENQUIRE 项目,这是一个超文本在线编辑数据库,尽管看上去与现在使用的互联网不太一样,但是在许多核心思想上却是一致的。Web 1.0 时代开始于 1994 年,其主要特征是大量使用静态的超文本标识语言(hypertext markup language,HTML)网页来发布信息,并开始使用浏览器来获取信息,这个时候主要是单向的信息传递。通过 Web 万维网,互联网上的资源可以在一个网页里比较直观地表示出来,而且在网页上资源之间可以任意链接。Web 1.0 的本质是聚合、联合、搜索,其聚合的对象是巨量、无序的网络信息。Web 1.0 只解决了人对信息搜索、聚合的需求,而没有解决人与人之间沟通、互动和参与的需求,所以 Web 2.0 应运而生。

(2)Web 2.0。Web 2.0 始于 2004 年 3 月 O'Reilly Media 公司和 MediaLive 国际公司的一次头脑风暴会议。Tim O'Reilly 在发表的 *What is Web 2.0* 一文中概括了 Web 2.0 的概念,并给出了描述 Web 2.0 的框图——Web 2.0 MemeMap,该文成为研究 Web 2.0 的经典文章。此后关于 Web 2.0 的相关研究与应用迅速发展,Web 2.0 的理念与相关技术日益成熟和发展,推动了 Internet 的变革与应用的创新。在 Web 2.0 中,软件被当成一种服务,Internet 从一系列网站演化成一个成熟的、为最终用户提供网络应用的服务平台,强调用户的参与、在线的网络协作、数据存储的网络化、社会关系网络、RSS(really simple syndication,简易信息聚合)应用,以及文件的共享等成为 Web 2.0 发展的主要支撑和表现。Web 2.0 模式大大激发了创造和创新的积极性,使 Internet 重新变得生机勃勃。Web 2.0 的典型应用包括 blog(博客)、wiki(维基)、RSS、tag(标签或标记)、SNS(social networking services,社交网络服务)、P2P(peer-to-peer,对等网络)、IM(instant messaging,即时通信)等。

(3)Web 3.0。Web 3.0 是 Internet 发展的必然趋势,是 Web 2.0 的进一步发展和延伸。Web 3.0 在 Web 2.0 的基础上,将杂乱的微内容进行最小单位拆分,同时进行词义标准化、结构化,实现微信息之间的互动和微内容间基于语义的链接。Web 3.0 能够进一步深度挖掘信息并使其直接从底层数据库进行互通,并把散布在 Internet 上的各种信息点,以及用户的需求点聚合和对接起来,通过在网页上添加元数据,使机器能够理解网页内容,从而提供基于语义的检索与匹配,使用户的检索更加个性化、精准化和智能化。对 Web 3.0 的定义是,网站内的信息可以直接和其他网站相关信息进行交互,能通过第三方信息平台同时对多家网站的信息进行整合使用;用户在 Internet 上拥有直接的数据,并能在不同网站上使用;完全基于 Web,用浏览器即可以实现复杂的系统程序才具有的功能。Web 3.0 浏览器会把网络当成一个可以满足任何查询需求的大型信息库。Web 3.0 的本质是深度参与、生命体验以及体现网民参与的价值。

Web 3.0 的特性包括智能化与个性化搜索引擎、数据的自由整合与有效聚合,以及多种终端平台的普适性。

2. 认识 Web 应用程序

1)Web 应用程序的概念

Web 应用程序是一种可以通过 Web 访问的应用程序,其最大好处是用户很容易访问,只需要有浏览器即可,不需要再安装其他软件。

2) Web 应用程序的架构

应用程序有 C/S 和 B/S 两种架构。C/S 的全称是 client/server,即客户端/服务器端,C/S 架构的应用程序一般独立运行;而 B/S 的全称是 browser/server,即浏览器端/服务器端,B/S 架构的应用程序一般借助 IE(internet explorer,互联网浏览器)等浏览器来运行。Web 应用程序一般是 B/S 架构。Web 应用程序首先是"应用程序",和用标准的程序语言,如 C、C++ 等编写出来的程序没有本质上的不同。然而 Web 应用程序又有自己的特点,就是它是基于 Web 的,而不是采用传统方法运行的。换句话说,它是典型的 B/S 架构的产物。

一个 Web 应用程序由多个完成特定任务的 Web 组件(Web components)构成,并通过 Web 向外界提供服务。这些组件相互协调,为用户提供一套完整的服务。

B/S 架构能够很好地应用在广域网上,成为越来越多企业的选择。B/S 架构相对于其他几种应用程序体系结构,有以下 3 方面优点。

(1) 这种架构采用 Internet 上标准的通信协议(通常是 TCP/IP)作为客户机同服务器通信的协议,这样可以使位于 Internet 任意位置的人都能够正常访问服务器。对于服务器来说,通过相应的 Web 服务和数据库服务可以对数据进行处理。对外采用标准的通信协议,以便共享数据。

(2) 在服务器上对数据进行处理,把处理结果生成网页,方便客户端直接使用。

(3) 在客户机上对数据的处理被进一步简化,将浏览器作为客户端的应用程序,以实现对数据的显示。不再需要为客户端单独编写和安装其他类型的应用程序。这样,在客户端只需要安装一套内置浏览器的操作系统,如 Windows 7 或 Windows 8 或直接安装一套浏览器,就可以实现对服务器上数据的访问。

3) Web 应用程序的开发流程

(1) 需求分析阶段。需求分析阶段的主要工作有了解需求、分析需求和需求确认,主要产物是需求规格说明书。

(2) 系统设计阶段。系统设计阶段的主要工作有前端设计(效果图)、程序设计(程序文档)和数据库设计(CDM&PDM),主要产物是系统设计说明书。

(3) 系统实现阶段。系统实现阶段的主要工作有编写代码、单元测试、系统测试和漏洞修复,主要产物是程序源代码。

(4) 系统测试阶段。系统测试阶段的主要工作有集成测试、发布测试和验收测试,主要产物是测试报告。

(5) 系统运维阶段。系统运维阶段的主要工作有系统日常运行、系统日常维护和系统问题收集,主要产物是运维日志。

3. 认识 Django

1) Django 的概述

Django 是一个由 Python 编写的开放源代码的 Web 应用框架。使用 Django,只要很少的代码,Python 的程序开发人员就可以轻松地完成一个正式网站所需要的大部分内容,并进一步开发出全功能的 Web 服务。Django 本身是基于 MVC 设计模式,即 model

（模型）＋view（视图）＋controller（控制器）设计模式。MVC 设计模式使后续对程序的修改和扩展简化，并且使程序某一部分的重复利用成为可能。

2）Django 的特点

Django 具有强大的数据库功能，提供强大的后台管理系统和优雅的网页外观。Python 与 Django 结合是快速开发、设计、部署网站的最佳组合。

3）MVC 的优势

低耦合，开发快捷，部署方便，可重用性高，维护成本低。

4）MVC 和 MVT

MVC 模式：MVC 是软件工程中的一种软件设计模式，把软件系统分为 3 个基本部分，即模型、视图和控制器。模型（M），用于编写程序应有的功能，负责业务对象与数据库的映射（ORM）；视图（V），图形界面，负责与用户的交互（页面）；控制器（C），负责转发请求，并对请求进行处理。

MVT 模式：Django 的 MVT 模式本质上和 MVC 是一样的，也是为了各组件间保持松耦合关系，只是定义上有些许不同。M 表示模型（model），用于编写程序应有的功能，负责业务对象与数据库的映射（ORM）；V 表示视图（view），负责业务逻辑，并在适当时候调用 model 和 template；T 表示模板（template），负责如何把页面（HTML）展示给用户。除了以上 3 层，还需要一个 URL（uniform resource locator）分发器，它的作用是对 URL 进行模式匹配，由匹配成功的 view 处理 HTTP 请求，然后 view 再调用相应的 model 和 template。

*任务 1.2　重温网页设计与制作

任务描述

Web 应用程序开发包括后端功能开发和前端页面开发。在前端页面开发中，网页设计能力是一种基本能力。熟练掌握 HTML、CSS（cascading style sheets）、JavaScript 等前端页面开发技术，是从事 Web 应用程序开发的前提。通过本任务的训练，读者可以巩固和强化编写网页的技能，为后续 Django 模板页面的编写奠定基础。

网页设计与制作（参考实现）

需要使用 HTML、CSS 和 JavaScript 技术进行网页设计，整体设计效果可参照右侧二维码中的"课程资源\项目 1\任务 1.2\1.2.1 网页效果图.png"。

任务目标

能熟练掌握 HTML 基本标签的使用。

能灵活运用 CSS 控制网页的样式。

能熟练使用 JavaScript 控制网页的交互。

任务实施

所需图片素材参见本任务二维码中的"课程资源\项目 1\任务 1.2\1.2.2 网页设计与制作(参考实现)"。参考代码如下。

```
1   <! doctype html >
2   < html >
3   < head >
4   < title >网页设计</ title >
5   < link href = "https://cdn. bootcss. com/font - awesome/4.7.0/css/font -
    awesome. css" rel = "stylesheet">
6   < link href = "swiper - bundle. css" rel = "stylesheet">
7   < script src = "swiper - bundle. js"></ script >
8   < style >
9       * { border:none;margin:0px;padding:0px;}
10      . header{
11        height:600px;
12        background:url("bg. jpg");
13        padding - top:30px;
14      }
15      . top{width:100 % ;margin - bottom:50px;}
16      . search{float:left;width:60 % ;text - align:right;}
17      . search input{border - radius:12px;background: #5D8334;color:
        white;border:none;height:25px;}
18      . search input::placeholder{color:white;}
19      #i - advanced - search - i{margin - left: - 30px;}
20      . top_menu{float:left;width:40 % ;text - align:center;}
21      . top_menu a{color:white;text - decoration:none;}
22      . menu{width:80 % ;height:80px;border - radius:15px;background:
        #01571A;clear:both;margin:auto;box - shadow: 2px 2px 5px #000 inset;}
23      . menu img{height:80px;}
24      . menu div{margin - left:50px;float:left;text - align:center;}
25      . menu div span{display:inline - block;width:100px;line - height:
        60px;margin:10px 0px;}
26      . menu div a{color:white;text - decoration:none;font - size:18px;
        font - weight:bold;}
27      . menu div span:hover{border - bottom:5px solid #BCF35A}
28      . swiper{clear:both;width:80 % ;height:400px;margin - top:20px;}
29      . product{min - height:800px;}
30      . product,. footer{background: #E1FFB7;}
31      . box{
32        padding - top:100px;
33        width:1200px;
34        margin:auto;
35      }
36      . box div{float:left;}
37      . box . left,. box . right{width:500px;padding:13px 10px;}
```

```
38      .box .middle{
39        font - size:30px;
40        font - weight:bold;
41      }
42      .box hr{
43        height:4px;
44        border:none;
45        border - bottom:2px solid #0065cc;
46      }
47      .slogan{clear:both;text - align:center;padding:20px 0px;}
48      .item - group{width:1200px;margin:auto;text - align:center;}
49      .item - group .item{width:250px;float:left;margin:10px 20px;
        background:#64BC04;color:white;}
50      .item - group .item:first - child{background:#048C28;}
51      .item - group .item img{width:250px;height:280px;}
52      .item .name,.item .price{margin:10px 0px;}
53      .water{clear:both;}
54      .water img{width:20px;margin:50px 5px;}
55      .footer{}
56      .about{
57        display:flex;
58        margin:auto;
59        padding - top:50px;
60        color:white;
61        justify - content:center;
62        background:#64BD01;
63      }
64      .about div{float:left;}
65      .about .left,.about .right{width:500px;padding:13px 10px;}
66      .about .middle{
67        font - size:30px;
68        font - weight:bold;
69      }
70      .about hr{
71        height:4px;
72        border:none;
73        border - bottom:2px solid #fff;
74      }
75      .content{clear:both;background:#64BD01;color:white;
        padding:50px 300px;}
76      .content p{line - height:30px;}
77      .content .first img{width:50px;height:50px;float:right;}
78      .content .second{margin - top:50px;}
79      .content .third img{width:200px;height:150px;margin - left:30px;}
80      .content .third img:first - child{width:50px;height:50px;
        padding - bottom:40px;}
81      .content .four{margin - top:50px;text - align:center;}
82      .content .four button{width:300px;height:50px;background:yellow;
        border - radius:20px;font - size:20px;}
```

```
83      .copyright{height:100px;background:#01571A;margin-top:
        5px;text-align:center;}
84      .copyright span{line-height:100px;color:white;}
85    </style>
86  </head>
87  <body>
88    <div class="container" id="">
89      <div class="header" id="">
90        <div class="top" id="">
91          <div class="search" id="">
92            <input type="text" name="s"
               placeholder="输入关键字"></input>
93              <i class="fa fa-search"
               id="i-advanced-search-i"></i>
94            </div>
95            <div class="top_menu" id="">
96              <span>
97                <a href="#" title="登录">登录</a>
98              </span>
99              <span>
100               <a href="#" title="免费注册">【免费注册】</a>
101             </span>
102             <span>
103               <a href="#" title="购物车">购物车【25】</a>
104             </span>
105           </div>
106         </div>
107         <div class="menu" id="">
108           <div>
109             <img src="318.png" alt="" title="" />
110           </div>
111           <div>
112             <span>
113               <a href="#" title="首页">首页</a>
114             </span>
115           </div>
116           <div>
117             <span>
118               <a href="#" title="关于我们">关于我们</a>
119             </span>
120           </div>
121           <div>
122             <span>
123               <a href="#" title="新闻资讯">新闻资讯</a>
124             </span>
125           </div>
126           <div>
127             <span>
```

7

```
128            < a href = " # " title = "产品展示" >产品展示</a>
129         </span>
130        </div>
131        < div >
132          < span >
133            < a href = " # " title = "加盟专区" >加盟专区</a>
134              </span>
135          </div>
136          < div >
137          < span >
138            < a href = " # " title = "联系我们" >联系我们</a>
139          </span>
140        </div>
141      </div>
142      < div class = "swiper" id = "">
143        < div class = "swiper - wrapper">
144          < div class = "swiper - slide">
145            < img src = "01. jpg" alt = "" title = "" />
146          </div>
147          < div class = "swiper - slide">
148            < img src = "02. jpg" alt = "" title = "" />
149          </div>
150          < div class = "swiper - slide">
151            < img src = "03. jpg" alt = "" title = "" />
152          </div>
153          < div class = "swiper - slide">
154            < img src = "04. jpg" alt = "" title = "" />
155          </div>
156        </div>
157        <!-- 如果需要分页器 -->
158        < div class = "swiper - pagination"></div>
159        <!-- 如果需要导航按钮 -->
160        < div class = "swiper - button - prev"></div>
161        < div class = "swiper - button - next"></div>
162        <!-- 如果需要滚动条 -->
163        < div class = "swiper - scrollbar"></div>
164      </div>
165    </div>
166    < div class = "product" id = "">
167      < div class = "box">
168        < div class = "left">
169          < hr/>
170        </div>
171        < div class = "middle" id = "">
172          < p >新品推荐</p>
173          < p > Product </p>
174        </div>
175        < div class = "right">
```

```
176            < hr/>
177          </div >
178        </div >
179        < div class = "slogan">
180      <p>新鲜水果原料,给大家最健康的饮料,适合广大人群饮用。</p>
181      </div>
182      < div class = "item-group">
183        < div class = "item">
184          < div class = "img" id = "">
185            < img src = "p01.jpg" alt = "缺少图片"></img >
186          </div>
187          < div class = "name">100％橙子汁 2L 系列</div>
188          < div class = "price" id = "">￥15 </div>
189        </div>
190        < div class = "item">
191          < div class = "img" id = "">
192            < img src = "p02.jpg" alt = "缺少图片"></img >
193          </div >
194          < div class = "name">冰红茶 2L 系列</div>
195          < div class = "price" id = "">￥15 </div>
196        </div >
197        < div class = "item">
198          < div class = "img" id = "">
199            < img src = "p03.jpg" alt = "缺少图片"></img >
200          </div >
201          < div class = "name">果粒橙 2L 系列</div>
202          < div class = "price" id = "">￥15 </div>
203        </div >
204        < div class = "item">
205          < div class = "img" id = "">
206            < img src = "p04.jpg" alt = "缺少图片"></img >
207          </div >
208          < div class = "name">温馨奶茶 2L 系列</div>
209          < div class = "price" id = "">￥15 </div>
210        </div >
211        < div class = "water">
212          < img src = "water.jpg" alt = "" title = "" />
213          < img src = "water.jpg" alt = "" title = "" />
214          < img src = "water.jpg" alt = "" title = "" />
215        </div >
216      </div >
217    </div >
218    < div class = "footer" id = "">
219      < div class = "about" id = "">
220        < div class = "left">
221          < hr/>
222        </div >
223        < div class = "middle" id = "">
```

```
224        <p>关于我们</p>
225        <p>About US</p>
226      </div>
227      <div class = "right">
         <hr/>
228    </div>
229  </div>
230  <div class = "content" id = "">
231    <div class = "first">
232      <p>奶香国度水果饮料工作团队由行业顶尖人才组成,专业化的团队为奶香国度
         饮料在中国大展宏图奠定了基础。不断超越自我,实现长足的可持续发展。</p>
233      <img src = "cm.jpg" alt = "草莓"></img>
234    </div>
235    <div class = "second">
236      <p>奶香国度的最高使命永远莫过于服务客户需要,为客户创造最大化的价值。
         我们认为:"陈力就列,不能者止"——不遗余力为客户创造实实在在的价值,并
         在这一价值创造过程中实现双赢。这正是"奶香国度"的使命所在。</p>
237    </div>
238    <div class = "third">
239      <img src = "t01.jpg"></img>
240      <img src = "t02.jpg"></img>
241      <img src = "t03.jpg"></img>
242      <img src = "t04.jpg"></img>
243    </div>
244    <div class = "four">
245        <button>查看详情</button>
246    </div>
247  </div>
248  <div class = "copyright">
249    <span>
250        总部地址:中国 – 北京 – 海淀区 – XXX 国际大厦 15 栋会所
251    </span>
252    <span>
253        Copyright &copyright;2023 [www.xxx.com]
254    </span>
255  </div>
256  </div>
257  </div>
258  <script>
259  var mySwiper = new Swiper ('.swiper', {
260    //direction: 'vertical',      // 垂直切换选项
261    loop: true,    // 循环模式选项
262    // 如果需要分页器
263    pagination: {
264      el: '.swiper – pagination'
265    },
266    // 如果需要,单击前进后退按钮
267    navigation: {
268      nextEl: '.swiper – button – next',
```

```
269        prevEl: '.swiper - button - prev',
270      },
271      scrollbar: {
272        el: '.swiper - scrollbar',
273      },
274      autoplay:{
275        delay:2500,
276      },
277    })
278  </script>
279 </body>
280 </html>
```

*任务 1.3　重温数据库操作

任务描述

当前 Web 应用程序开发中,所有业务数据的存储都要用到数据库,有的应用可能还涉及多种类型的数据库,包括关系型数据库和非关系型数据库。熟练掌握至少一种主流数据库的操作,是从事 Web 应用程序开发的前提和基础。通过本任务的训练,可以强化读者使用 MySQL 数据库的能力,为后续各任务中 Django 应用的开发奠定基础。根据表 1-1 完成此任务。

数据库基本操作(参考实现)

表 1-1　学生信息表

学　　号	姓名	性别	专　业	班　　级	生源地
20220101001	张三	男	软件技术	2022 级软件 1 班	泸州市
20220101002	李四	女	软件技术	2022 级软件 1 班	宜宾市
20220101003	王五	男	软件技术	2022 级软件 2 班	成都市
20220101004	赵六	男	大数据	2022 级大数据 1 班	广安市
20220101005	田七	女	大数据	2022 级大数据 2 班	绵阳市

(1) 创建数据库 test_db,使用编码 UTF-8。

(2) 创建表 students,字段名分别为 id(主键,整型,自增长)、xuehao(学号,字符型,长度为 255 位,非空)、xingming(姓名,字符型,长度为 255 位,非空)、xingbie(性别,字符型,长度为 255 位,非空)、zhuanye(专业,字符型,长度为 255 位,非空)、banji(班级,字符型,长度为 255 位,非空)、shengyuan(生源地,字符型,长度为 255 位)。

(3) 使用 SQL 语句插入表 1-1 中的数据。

(4) 使用 SQL 语句查询"软件技术"专业的所有学生。

(5) 使用 SQL 语句查询"软件技术"专业的男生。

(6) 使用 SQL 语句把"赵六"的生源地修改为"泸州市"。

11

（7）使用 SQL 语句统计学生的人数。

（8）使用 SQL 语句统计每个专业的人数。

（9）使用 SQL 语句查询前 3 条记录。

（10）使用导出功能导出 students 表的结构和数据（students. sql 文件）。

（11）使用 SQL 语句删除"王五"的记录。

（12）删除表 students。

（13）使用导入 students 的脚本（students. sql 文件）导入数据。

任务目标

熟练使用 Navicat 操作 MySQL 数据库。

能按照指定要求创建数据库。

能按照指定要求建立数据库表。

能熟练使用 SQL 语句对数据库表进行增删改查操作。

能使用 Navicat 工具对数据库进行备份和恢复。

任务实施

1. 创建数据库 test_db

创建数据库 test_db，代码如下。

```
drop database if EXISTS test_db;
create database test_db CHARACTER SET utf8 COLLATE utf8_general_ci;
```

2. 创建数据库表 students

创建数据库表 students，代码如下。

```
1   drop table if EXISTS `students`;
2   create table `students` (
3    `id` int(11) NOT NULL AUTO_INCREMENT,
4    `xuehao` varchar(255) CHARACTER SET utf8 COLLATE utf8_general_ci NOT NULL,
5    `xingming` varchar(255) CHARACTER SET utf8 COLLATE  utf8_general_ci NOT NULL,
6    `xingbie` varchar(255) CHARACTER SET utf8 COLLATE utf8_general_ci NOT
     NULL DEFAULT '0',
7    `zhuanye` varchar(255) CHARACTER SET utf8 COLLATE utf8_general_ci NOT NULL,
8    `banji` varchar(255) CHARACTER SET utf8 COLLATE utf8_general_ci NOT NULL,
9    `shengyuan` varchar(255) CHARACTER SET utf8 COLLATE utf8_general_ci
     NULL DEFAULT NULL,
10   `tmp` varchar(255) CHARACTER SET utf8 COLLATE utf8_general_ci NULL DEFAULT NULL,
11    PRIMARY KEY (`id`) USING BTREE
12    ENGINE = InnoDB AUTO_INCREMENT = 6 CHARACTER SET = utf8 COLLATE =
     utf8_general_ci ROW_FORMAT = Compact);
```

3. 向表 students 插入初始数据

向表 students 插入初始数据，代码如下。

```
1   INSERT INTO `students` VALUES (1, '20220101001', '张三', '男', '软件技术',
    '2022 级软件 1 班', '泸州市', NULL);
2   INSERT INTO `students` VALUES (2, '20220101002', '李四', '女', '软件技术',
    '2022 级软件 1 班', '宜宾市', NULL);
3   INSERT INTO `students` VALUES (3, '20220101003', '王五', '男', '软件技术',
    '2022 级软件 2 班', '成都市', NULL);
4   INSERT INTO `students` VALUES (4, '20220101004', '赵六', '男', '大数据',
    '2022 级大数据 1 班', '广安市', NULL);
5   INSERT INTO `students` VALUES (5, '20220101005', '田七', '女', '大数据',
    '2022 级大数据 2 班', '绵阳市', NULL);
```

4. 查询"软件技术"专业的所有学生

查询"软件技术"专业所有学生的信息，代码如下。

```
select * from students where zhuanye = '软件技术';
```

5. 查询"软件技术"专业的男生

查询"软件技术"专业中男生的信息，代码如下。

```
select * from students where zhuanye = '软件技术' and xingbie = '男';
```

6. 修改"赵六"的"生源地"为"泸州市"

修改"赵六"的"生源地"为"泸州市"，代码如下。

```
update students set shengyuan = '泸州市' where xingming = '赵六';
```

7. 统计学生人数

统计学生人数，代码如下。

```
select count( * ) from students;
```

8. 统计各专业的人数

统计各专业的人数，代码如下。

```
select zhuanye, count( * ) from students group by zhuanye;
```

9. 查询表 students 中前 3 条记录

查询表 students 中前 3 条记录，代码如下。

```
select * from students limit 3;
```

10. 导出 students 的表结构和数据

使用 Navicat 工具连接 test_db 数据库。选中表 students 并右击,在弹出的快捷菜单中选择"转储 SQL 文件"→"结构和数据"命令,在弹出的对话框中单击"选择保存位置"→"保存"按钮。

11. 删除姓名为"王五"的记录

删除姓名为"王五"的记录,代码如下。

```
delete from students where xingming = '王五';
```

12. 删除表 students

删除表 students,代码如下。

```
drop table students;
```

13. 通过 students.sql 脚本导入数据

使用 Navicat 工具连接 MySQL 数据库,双击 test_db 选项后,在展开菜单中选择"表"命令并右击,在弹出的快捷菜单中选择"运行 SQL 文件"命令,弹出"运行 SQL 文件"对话框。单击"文件"选项后的"…"按钮,选择以前备份的 students.sql 脚本文件,单击"打开"按钮返回到对话框界面,最后单击"开始"按钮运行 SQL 脚本,执行导入操作。

*任务 1.4　重温 Python 编程

任务描述

Django Web 应用程序开发是基于 Python 语言的。因此,熟练掌握 Python 语言的基本语法和常用库是从事 Django 开发的基础和前提。通过本任务的训练,读者可以增强和巩固对 Python 语言的使用能力,为后续 Django 开发打下坚实的基础。

本任务具体要求如下。

(1) 有两个文件 a.txt 和 b.txt,各存放有多行文字,要求把这两个文件中的信息合并后保存到一个新文件 c.txt 中。

(2) 猜数字游戏,程序随机产生一个 1～1000 的整数。用户从键盘输入数字,如果大于答案,提示"猜大了,请继续";如果小于答案,提示"猜小了,请继续";如果等于答案,提示"猜对了",并输出猜测的总次数。

Python 基础编程(参考实现)

（3）某公司采用公用电话传递数据，数据是 4 位整数，在传递过程中是加密的。加密规则如下：用每位数字加 5 后的和除以 10 的余数来代替各位数字，再将新生成数字的第一位和第四位交换，第二位和第三位交换。根据以上需求，编写一个加密程序。例如，输入 1234，则输出 9876；输入 6789，则输出 4321。

任务目标

强化 Python 基本语法的使用。

强化 Python 常用库的使用。

训练编程思维。

强化对 PyCharm 等集成开发环境的使用水平。

任务实施

1. 编程题（1）参考实现

具体要求参见任务描述（1），a. txt 和 b. txt 文件及内容请自备。新建 copy. py 文件，并输入以下内容。

```
1   def copy(file1,file2,targetfile):
2     contents = []
3     f1 = open(file1,mode = 'r',encoding = 'utf8')
4     lines = f1.readlines();
5     for line in lines:
6       contents.append(line)
7     f1.close()
8     f2 = open(file2,mode = 'r',encoding = 'utf8')
9     lines = f2.readlines()
10    for line in lines:
11      contents.append(line)
12    f2.close()
13    f3 = open(targetfile,mode = 'w',encoding = 'utf8')
14    for content in contents:
15      f3.write(content + "\n")
16    f3.close()
17  if __name__ == "__main__":
18    copy("a.txt","b.txt","c.txt")
```

2. 编程题（2）参考实现

具体要求参见任务描述（2）。新建 guess. py 文件，并输入以下内容。

```
1   import random
2   import sys
3   def guess(num):
```

15

```
4    answer = random.randint(1,num)
5    print("猜数字游戏")
6    try:
7      guess_num = input("请输入 1~{}之间的整数:\n".format(num))
8      count = 1
9      while answer!= int(guess_num):
10       count = count + 1
11       if int(guess_num)> answer:
12         print("猜大了,请继续")
13         guess_num = input("请输入 1~{}之间的整数:\n".format(num))
14       elif int(guess_num)< answer:
15         print("猜小了,请继续")
16         guess_num = input("请输入 1~{}之间的整数:\n".format(num))
17     print("猜对了, 共猜测了{}次".format(count))
18   except Exception as e:
19     print("出错了:" + str(e))
20 if __name__ == "__main__":
21   guess(1000)
```

3. 编程题(3)参考实现

具体要求参见任务描述(3)。新建 encode.py 文件,并输入以下内容。

```
1  import random
2  import sys
3  def encode(num):
4    if len(num)!= 4:
5      print("数字非法")
6      return
7    temp = []
8    for i in range(0,4):
9      temp.append(int(num[i]) + 5)
10   for i in range(0,4):
11     a,b = divmod(temp[i],10)
12     temp[i] = b
13   t = temp[0]
14   temp[0] = temp[3]
15   temp[3] = t
16   t = temp[1]
17   temp[1] = temp[2]
18   temp[2] = t
19   for t in temp:
20     print(t)
21 if __name__ == "__main__":
22   encode("6789")
```

任务 1.5　搭建 Django 开发环境

任务描述

工欲善其事,必先利其器。从事 Web 应用程序开发,需要高效、便捷且功能强大的集成开发环境。正确并快速搭建开发环境,熟练使用集成开发工具,是 Web 开发的基本技能。通过本任务的训练,可以强化 Python 开发环境的搭建能力、MySQL 环境的搭建能力、Django 环境的搭建能力。

开发环境搭建

任务目标

掌握 Python 的正确安装和配置。

掌握 MySQL 的正确安装和配置。

掌握 Navicat 的正确安装和使用。

掌握 PyCharm 的正确安装和使用。

掌握 Django 的正确安装和使用。

任务实施

1. 搭建 Python 开发环境

1) 下载 Python 安装文件

用户可通过 Python 官方地址,也可以通过国内其他下载渠道进行下载。选择合适的版本(如 3.8.10)并正确选择操作系统平台,如 Windows 64 位。

2) 安装 Python 开发程序

双击 python-3.8.10-amd64.exe 安装文件,启动安装程序。会出现以下 3 种情况。

(1) 从未安装过 Python 的计算机,或安装了比当前 Python 版本高的计算机,会出现图 1-1 所示界面。其中,第 1 个选项 Install Now 是全自动安装(建议第一次安装的新手使用),第 2 个选项 Customize installation 是客户化安装(建议老手使用)。

(2) 已经安装过 Python,但以前版本低于当前要安装的版本,会出现图 1-2 所示界面。其中,第 1 个选项 Upgrade Now 是更新安装,第 2 个选项 Customize installation 是客户化安装。

(3) 已经安装过 Python,且安装的版本与当前运行的版本相同,会出现图 1-3 所示界面。其中,第 1 个选项 Modify 为修改安装,第 2 个选项 Repair 为修复安装,第 3 个选项 Uninstall 为卸载 Python。

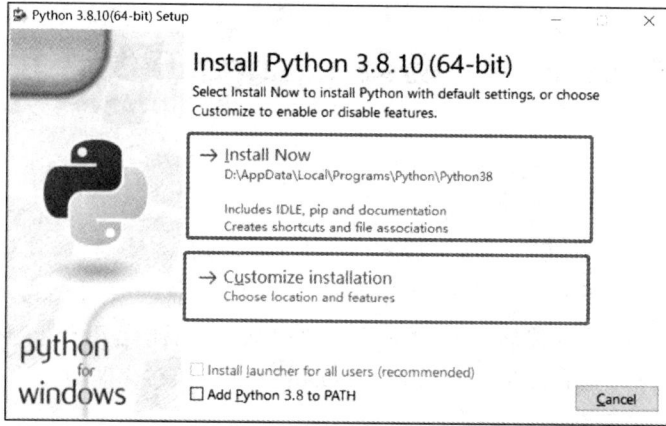

图 1-1　Python 安装方式选择之一

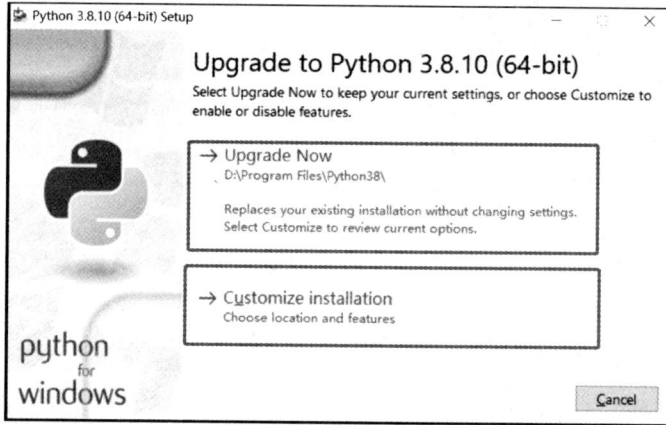

图 1-2　Python 安装方式选择之二

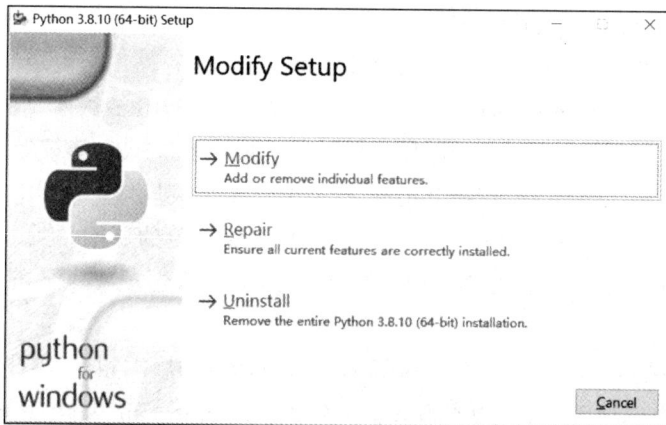

图 1-3　Python 安装方式选择之三

安装方式分为全自动安装与客户化安装。

全自动安装：针对第一种情况和第二种情况，均可选择相应界面中的第 1 个选项，然后不做任何选择，即可完成整个安装。

客户化安装：针对第一种情况和第二种情况，均可选择相应界面中的第 2 个选项，然后进入如图 1-4 所示的 Optional Features（特征选择）界面。

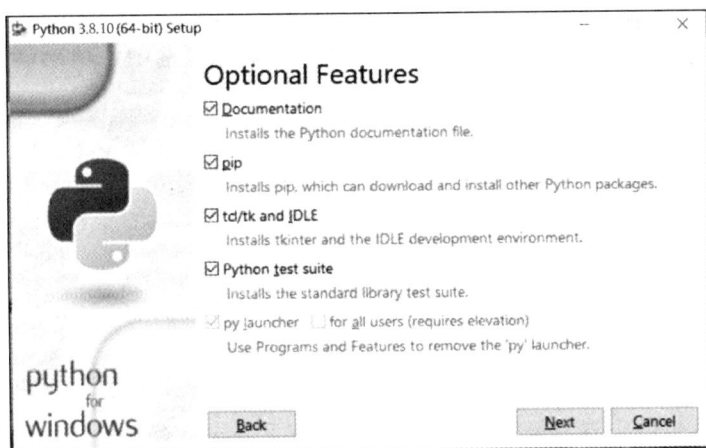

图 1-4　Python 的特征选择界面

客户化安装时，默认已选中了 3 个选项。第 1 项是安装 Python 相关的帮助和说明文档（可以不选择）；第 2 项是安装 pip 工具（建议选中），如果要安装第三方的库，如 Django，则往往需要使用 pip 工具进行安装；第 3 项是安装与 Python 测试相关的组件，一个程序编写好后，是否有漏洞，是否能正常运行，除人工审查代码外，往往需要借助测试工具，编写测试代码进行测试。

单击图 1-4 所示界面中的 Next 按钮后，进入如图 1-5 所示的高级选项界面。该界面共有 7 个选项和 1 个安装路径设置，默认已经选中第 2 项和第 3 项。

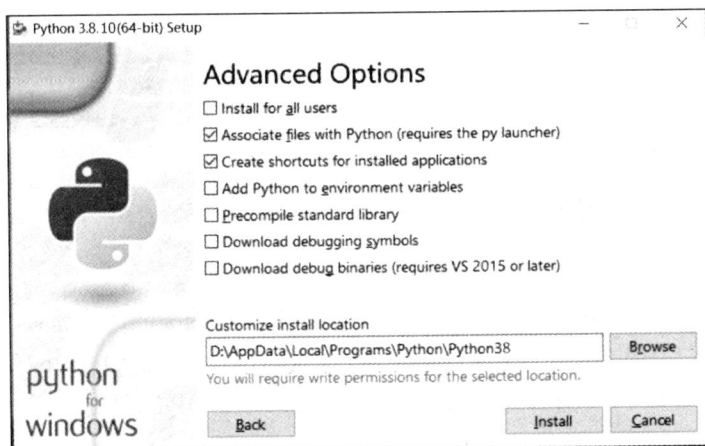

图 1-5　Python 安装高级选项

选项 1：用于选择此处安装的软件是否所有用户可用。如果 1 台计算机有多个用户，选中此选项后则全部用户均可用，否则只能是当前登录用户可用。

选项 2：用于选择是否自动关联 Python 源文件(＊.py)。

选项 3：创建快捷方式。如系统桌面和开始菜单，创建快捷方式后可更容易找到和启动 Python 程序。

选项 4：用于选择是否添加到环境变量。如果选中此选项，可减少后面环境变量的配置，减轻工作负担和配置难度，建议选中此选项。如果忘记选中此选项，后续也可以通过配置环境变量来解决。

选项 5：用于选择是否预编译 Python 标准库。

选项 6：用于选择是否下载调试符号。建议不是非常专业，不要选中此选项。

选项 7：用于选择是否下载 Debug 库。需要安装 Visual Studio 2015 或更高版本，若非专业人员，建议不要选中此选项。

单击 Browse 按钮，可以选择程序安装的路径。配置好后，单击 Install 按钮，运行安装程序即可。安装过程与全自动安装相同。

3）配置 Python 环境变量

找到环境变量的配置界面，不同操作系统的进入方式略有不同，可根据自身的系统决定进入方式。

在"系统属性"对话框中单击"环境变量"按钮，弹出"环境变量"对话框，找到并双击 Path 选项，在弹出的"编辑环境变量"对话框中两次单击"新建"按钮，分别输入路径 D:\Program Files\Python38 和路径 D:\Program Files\Python38\Scripts 即可。输入的路径以实际安装 Python 的路径为准。

如果找不到 Path 变量，在"环境变量"对话框中单击"新建"按钮，在弹出的"新建用户变量"对话框中输入变量名 Path，再输入变量值"D:\Program Files\Python38；D:\Program Files\Python38\Scripts"，最后单击"确定"按钮即可。

注意：一定不能随便删除 Path 变量中的原有内容，否则可能造成其他程序不可预知的错误。

4）检验 Python 安装效果

在命令提示符(CMD)窗口下输入命令"python"，如出现">>>"命令提示符，证明安装正确；还可以输入命令"python-V"，查看 Python 的版本。

2. 安装 MySQL 数据库

1）下载 MySQL 安装文件

官方下载地址为 https://dev.mysql.com/downloads/installer/，当前版本为 8.0.28。如果要选择低版本，在网页中单击 Archives 选项；然后从 Select Version 下拉列表框中选择相应版本，从 Select Operating System 下拉列表框中选择操作系统；最后单击 Download 按钮即可完成下载。

2）安装 MySQL 数据库

MySQL 版本与 Microsoft Visual C++有严格的对应和依赖关系，安装不同版本的

MySQL,需要先安装对应版本的 Microsoft Visual C++。表 1-2 给出了 MySQL 和 Microsoft Visual C++版本的对应关系,安装时应确保版本一致。

表 1-2 MySQL 版本与 Microsoft Visual C++版本对应关系

MySQL 版本	需要的 Microsoft Visual C++版本
8.0+	Microsoft Visual C++ 2015
5.7+	Microsoft Visual C++ 2013
5.6+	Microsoft Visual C++ 2010
5.5+	Microsoft Visual C++ 2008

不同版本安装过程略有不同,此处以 MySQL 5.7.10.0 为例。双击 mysql-installer-community-5.7.10.0.msi 文件,弹出安装协议许可界面;在协议许可界面选中 I accept the license terms 复选框,并单击 Next 按钮,进入产品和特征选择界面;在产品和特征选择界面默认已选中 MySQL Server 选项和 Development Components 选项,可以再选中 Documentation 选项,然后单击 Next 按钮,进入安装界面;在安装界面单击 Execute 按钮,执行安装操作,然后继续两次单击 Next 按钮,进入配置界面;在配置界面选择 Development Machine 选项(默认),设置端口号为 3306(默认),然后单击 Next 按钮,进入账号和角色设置界面;在账号和角色设置界面重复录入两次 root(超级管理员)账号的密码,或单击 Add User 按钮添加其他账号,然后继续单击 Next 按钮,进入服务名称设置界面;在服务名称设置界面,设置服务名称为 MySQL57(也可以设置其他名称),然后单击 Next 按钮,等待安装完成并弹出服务配置完成界面,单击 Finish 按钮完成安装。

3) 检验 MySQL 数据库安装效果

选择操作系统"开始"菜单的 MySQL 5.7 Command Line Client 命令,弹出命令提示符窗口。在命令提示符窗口输入安装时设置的 root 账号的密码,显示"mysql >"命令提示符,表示安装成功。

3. 安装 Navicat 工具

Navicat 是操作 MySQL 等数据库的一个可视化工具。

1) 下载 Navicat 安装文件

下载地址为 https://www.navicat.com/en/products,当前版本为 16,Free Trial 是试用版(试用期限为 14 天)。选择对应的操作系统,如 Windows 64 位操作系统,输入 https://www.navicat.com/en/download/navicat-for-mysql♯win,然后任意选择一个下载地址下载即可。

2) 安装 Navicat 工具

双击 navicat160_mysql_en_x64.exe 安装文件,执行安装,除选中接受协议和选择安装位置外,都是单击"下一步"按钮,直至安装完成。

3) 使用 Navicat 工具

启动 Navicat 程序后,会自动生成一个默认的连接名称 localhost,但需要配置数据库连接信息后方能连接到 MySQL 数据库。在 localhost 上右击,在弹出的快捷菜单选择

Edit Connection 命令，弹出"编辑连接"对话框；在"编辑连接"对话框中输入或修改连接名，以及输入或修改连接数据库的主机名称、端口、用户名和密码后，单击 Test Connection 按钮进行测试，如果弹出 Connection Successful（连接成功）提示信息，表明连接成功，最后单击 OK 按钮完成连接配置。如果连接失败，应检查 MySQL 数据库服务是否启动，MySQL 数据库的账号、密码和端口号是否正确。

双击连接名 localhost，连接到 MySQL 数据库后，则可以选择 mysql 并右击，在弹出的快捷菜单中选择"打开数据库""新建数据库""编辑数据库"或"删除数据库"等操作。

4. 安装 PyCharm 集成开发工具

1）下载 PyCharm 安装文件

下载地址为 https://www.jetbrains.com/pycharm/download/#section=windows，有专业版和社区版之分。使用专业版本开发 Django 项目比较方便，但试用期较短，过期后，每次只能使用 30 分钟，然后退出重新启动才可继续使用；使用社区版开发 Django 项目不太方便，但可免费使用。用户可针对自身情况，选择一个合适的版本下载即可。

2）安装 PyCharm 集成开发工具

安装 PyCharm，没有太多的选择和设置，全部使用默认设置和单击"下一步"按钮即可。

3）使用 PyCharm 集成开发工具

PyCharm 集成开发环境主界面如图 1-6 所示。下面按区域（序号为 1～8）对该界面进行简要介绍。

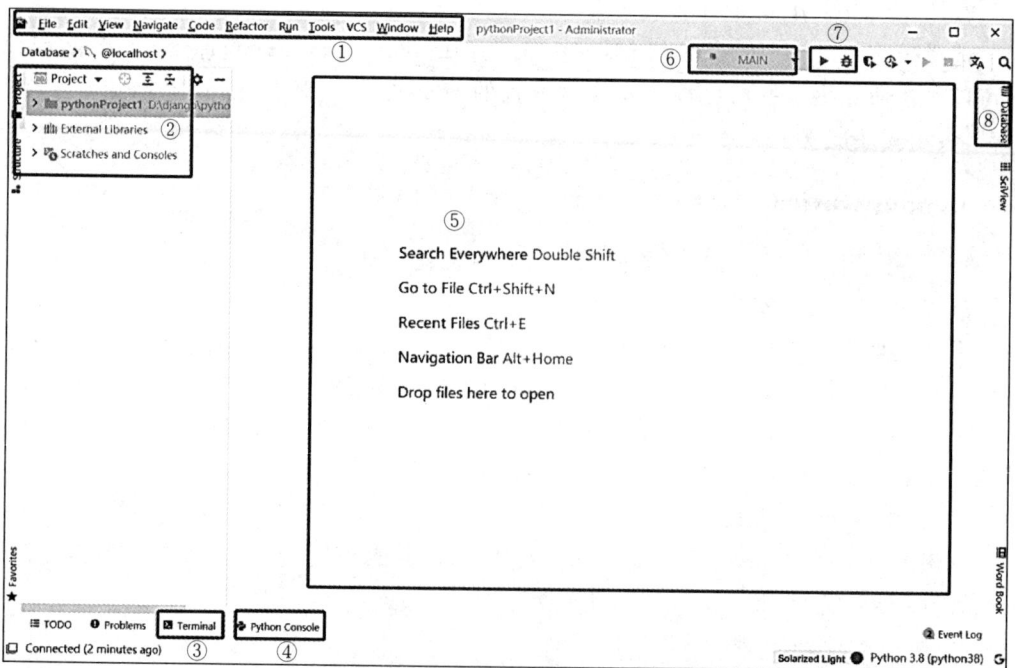

图 1-6　PyCharm 集成开发环境主界面

区域①：此处为菜单栏，选择其中的菜单命令可以完成创建、保存、导入、导出项目、配置、编辑、运行项目等操作。

区域②：此处为界面左上方工具栏中的第三个工具按钮（Terminal 按钮），单击该按钮项目信息，界面以树形结构显示项目的整体情况。

区域③：此处为界面左下方工具栏中的第四个工具按钮（Python Console 按钮），单击该按钮可激活终端命令行窗口，在终端命令行窗口可执行 Python 第三方库的安装等操作。

区域④：此处为可以激活 Python 交互式控制台，通过控制台可以用交互的方式执行 Python 代码。

区域⑤：此处为源代码编辑区域。

区域⑥：在此处可进行项目运行的相关配置。

区域⑦：此处的两个按钮可用于运行或调试项目。

区域⑧：此处的工具按钮（Database 按钮）可用于连接数据库。

5. 安装 Django 框架

1）使用命令提示符（CMD）窗口安装 Django

```
pip install django
```

显示"Successful"字样即表明安装成功。如果已经安装过 Django，则显示 Requirement already satisfied 的提示信息。使用以下命令可查看 Django 的详细信息。

```
pip show django
```

2）使用 Pycharm 终端命令行窗口安装 Django

单击窗口底部的 Terminal 按钮，在打开的窗口中执行相关命令即可。安装命令与使用命令提示符窗口完全一样。

3）验证 Django 安装效果

如果是在命令提示符窗口中，使用以下命令。

```
python
import django
django.get_version()
```

如果正确输出版本号，则表示安装成功。以上命令同样适用于在 PyCharm 的终端中执行。使用以下命令，也可以查到 Django 的版本。

```
python - m django -- version
```

拓展阅读

一、《中华人民共和国著作权法》(摘选)

第一条 为保护文学、艺术和科学作品作者的著作权,以及与著作权有关的权益,鼓励有益于社会主义精神文明、物质文明建设的作品的创作和传播,促进社会主义文化和科学事业的发展与繁荣,根据宪法制定本法。

第二条 中国公民、法人或者非法人组织的作品,不论是否发表,依照本法享有著作权。……

第三条 本法所称的作品,是指文学、艺术和科学领域内具有独创性并能以一定形式表现的智力成果,包括:

……

(八)计算机软件;

(九)符合作品特征的其他智力成果。

……

第九条 著作权人包括:

(一)作者;

(二)其他依照本法享有著作权的自然人、法人或者非法人组织。

第十条 著作权包括下列人身权和财产权:

(一)发表权,即决定作品是否公之于众的权利;

(二)署名权,即表明作者身份,在作品上署名的权利;

(三)修改权,即修改或者授权他人修改作品的权利;

(四)保护作品完整权,即保护作品不受歪曲、篡改的权利;

(五)复制权,即以印刷、复印、拓印、录音、录像、翻录、翻拍、数字化等方式将作品制作一份或者多份的权利;

(六)发行权,即以出售或者赠予方式向公众提供作品的原件或者复制件的权利;

(七)出租权,即有偿许可他人临时使用视听作品、计算机软件的原件或者复制件的权利,计算机软件不是出租的主要标的的除外;

(八)展览权,即公开陈列美术作品、摄影作品的原件或者复制件的权利;

(九)表演权,即公开表演作品,以及用各种手段公开播送作品的表演的权利;

(十)放映权,即通过放映机、幻灯机等技术设备公开再现美术、摄影、视听作品等的权利;

(十一)广播权,即以有线或者无线方式公开传播或者转播作品,以及通过扩音器或者其他传送符号、声音、图像的类似工具向公众传播广播的作品的权利,但不包括本款第十二项规定的权利;

(十二)信息网络传播权,即以有线或者无线方式向公众提供,使公众可以在其选定的时间和地点获得作品的权利;

（十三）摄制权，即以摄制视听作品的方法将作品固定在载体上的权利；

（十四）改编权，即改变作品，创作出具有独创性的新作品的权利；

（十五）翻译权，即将作品从一种语言文字转换成另一种语言文字的权利；

（十六）汇编权，即将作品或者作品的片段通过选择或者编排，汇集成新作品的权利；

（十七）应当由著作权人享有的其他权利。

著作权人可以许可他人行使前款第五项至第十七项规定的权利，并依照约定或者本法有关规定获得报酬。

著作权人可以全部或者部分转让本条第一款第五项至第十七项规定的权利，并依照约定或者本法有关规定获得报酬。

······

第十八条　自然人为完成法人或者非法人组织工作任务所创作的作品是职务作品，除本条第二款的规定以外，著作权由作者享有，但法人或者非法人组织有权在其业务范围内优先使用。作品完成两年内，未经单位同意，作者不得许可第三人以与单位使用的相同方式使用该作品。

······

第二十三条　自然人的作品，其发表权、本法第十条第一款第五项至第十七项规定的权利的保护期为作者终生及其死亡后五十年，截止于作者死亡后第五十年的 12 月 31 日；如果是合作作品，截止于最后死亡的作者死亡后第五十年的 12 月 31 日。

第二十四条　在下列情况下使用作品，可以不经著作权人许可，不向其支付报酬，但应当指明作者姓名或者名称、作品名称，并且不得影响该作品的正常使用，也不得不合理地损害著作权人的合法权益：

（一）为个人学习、研究或者欣赏，使用他人已经发表的作品；

（二）为介绍、评论某一作品或者说明某一问题，在作品中适当引用他人已经发表的作品；

······

二、《计算机软件保护条例》（摘选）

第一条　为了保护计算机软件著作权人的权益，调整计算机软件在开发、传播和使用中发生的利益关系，鼓励计算机软件的开发与应用，促进软件产业和国民经济信息化的发展，根据《中华人民共和国著作权法》，制定本条例。

第二条　本条例所称计算机软件（以下简称软件），是指计算机程序及其有关文档。

······

第八条　软件著作权人享有下列各项权利：

（一）发表权，即决定软件是否公之于众的权利；

（二）署名权，即表明开发者身份，在软件上署名的权利；

（三）修改权，即对软件进行增补、删节，或者改变指令、语句顺序的权利；

（四）复制权，即将软件制作一份或者多份的权利；

（五）发行权，即以出售或者赠予方式向公众提供软件的原件或者复制件的权利；

（六）出租权，即有偿许可他人临时使用软件的权利，但是软件不是出租的主要标的的除外；

（七）信息网络传播权，即以有线或者无线方式向公众提供软件，使公众可以在其个人选定的时间和地点获得软件的权利；

（八）翻译权，即将原软件从一种自然语言文字转换成另一种自然语言文字的权利；

（九）应当由软件著作权人享有的其他权利。

软件著作权人可以许可他人行使其软件著作权，并有权获得报酬。

软件著作权人可以全部或者部分转让其软件著作权，并有权获得报酬。

第九条　软件著作权属于软件开发者，本条例另有规定的除外。

如无相反证明，在软件上署名的自然人、法人或者其他组织为开发者。

……

第十一条　接受他人委托开发的软件，其著作权的归属由委托人与受托人签订书面合同约定；无书面合同或者合同未作明确约定的，其著作权由受托人享有。

……

第十四条　软件著作权自软件开发完成之日起产生。

自然人的软件著作权，保护期为自然人终生及其死亡后 50 年，截止于自然人死亡后第 50 年的 12 月 31 日；软件是合作开发的，截止于最后死亡的自然人死亡后第 50 年的 12 月 31 日。

……

第十七条　为了学习和研究软件内含的设计思想和原理，通过安装、显示、传输或者存储软件等方式使用软件的，可以不经软件著作权人许可，不向其支付报酬。

……

第二十四条　除《中华人民共和国著作权法》、本条例或者其他法律、行政法规另有规定外，未经软件著作权人许可，有下列侵权行为的，应当根据情况，承担停止侵害、消除影响、赔礼道歉、赔偿损失等民事责任；同时损害社会公共利益的，由著作权行政管理部门责令停止侵权行为，没收违法所得，没收、销毁侵权复制品，可以并处罚款；情节严重的，著作权行政管理部门并可以没收主要用于制作侵权复制品的材料、工具、设备等；触犯刑律的，依照刑法关于侵犯著作权罪、销售侵权复制品罪的规定，依法追究刑事责任：

（一）复制或者部分复制著作权人的软件的；

（二）向公众发行、出租、通过信息网络传播著作权人的软件的；

（三）故意避开或者破坏著作权人为保护其软件著作权而采取的技术措施的；

（四）故意删除或者改变软件权利管理电子信息的；

（五）转让或者许可他人行使著作权人的软件著作权的。

有前款第一项或者第二项行为的，可以并处每件 100 元或者货值金额 1 倍以上 5 倍以下的罚款；有前款第三项、第四项或者第五项行为的，可以并处 20 万元以下的罚款。

课后练习

一、选择题

1. 关于 Web 客户端发送 HTTP 请求和 Web 服务器端响应 HTTP 请求的过程,描述正确的是(　　)。

    A. 客户端发起 HTTP 请求,DNS 解析域名前,浏览器已与服务器建立好连接

    B. 当客户端获取到服务器端返回的结果后,Web 服务器断开与浏览器的连接

    C. 客户端是直接调用服务器端数据库中的数据

    D. Web 服务器把客户端请求的结果发送给浏览器后,就主动断开与浏览器的连接

2. HTTP 的默认端口号是(　　)。

    A. 80 　　　　　　　B. 8080 　　　　　　C. 70 　　　　　　D. 21

3. 可用于 Web 浏览器和 Web 服务器之间传输 Web 文档的协议是(　　)。

    A. BFS 　　　　　　B. FTP 　　　　　　C. HTTP 　　　　　D. DNS

4. 在 HTTP 响应的 MIME(multipurpose internet mail extensions,多用途互联网邮件扩展)消息体中,可以包含的数据类型有(　　)。

    i. 文本数据　　　ii. 图片数据　　　iii. 视频数据　　　iv. 音频数据

    A. 仅 i 　　　　　B. i 和 ii 　　　　　C. i、ii 和 iii 　　　D. 全都可以

5. HTTP 协议是一种(　　)。

    A. 文件传输协议　　　　　　　　　　B. 邮件协议

    C. 远程登录协议　　　　　　　　　　D. 超文本传输协议

6. 用于控制 HTML 文档结构的技术是(　　)。

    A. DOM 　　　　　　　　　　　　　B. CSS

    C. JavaScript 　　　　　　　　　　D. XMLHttpRequest

7. 可以在浏览器端执行的代码是(　　)。

    A. Web 页面中的 C♯代码　　　　　　B. Web 页面中的 Java 代码

    C. Web 页面中的 PHP 代码　　　　　D. Web 页面中的 JavaScript 代码

8. 在 HTTP 1.1 协议中,关于持久连接说法正确的是(　　)。

    A. 默认关闭 　　　B. 默认打开 　　　C. 不可协商 　　　D. 以上都不对

9. 目前在 Internet 上应用最为广泛的服务是(　　)。

    A. FTP 服务 　　　B. Web 服务 　　　C. Telnet 服务 　　D. Gopher 服务

10. 如果要显示上边框 10px、下边框 5px、左边框 20px、右边框 1px,则 CSS 代码正确的是(　　)。

    A. border-width:10px 5px 20px 1px

    B. border-width:10px 20px 5px 1px

    C. border-width:5px 20px l0px 1px

    D. border-width:10px 1px 5px 20px

11. 在 URL"http://cms.bit.edu.cn:8080/login.aspx"中,http 表示(　　)。

    A. 端口号   B. 文件名   C. 访问协议   D. 主机名

12. Python 脚本文件的扩展名是(　　)。

    A. python   B. py   C. pt   D. pg

13. 自定义 Python 函数的关键字是(　　)。

    A. function   B. func   C. procedure   D. def

14. 下面程序的运行结果是(　　)。

```
a = 10
def setNumber():
    a = 100
setNumber()
print(a)
```

    A. 10   B. 100   C. 10100   D. 10010

15. 在 Python 语法中,调用 open()函数可以打开指定的文件。如果以只读方式打开文件,需要指定的参数是(　　)。

    A. a   B. w+   C. r   D. w

二、简答题

1. 使用 SQL 语句创建一张名为 mytable 的表,包含 id(自增长主键)、name(姓名)和 age(年龄)字段,请写出 SQL 语句。

2. 要在 mytable 表中插入一条名 Tom,年龄为 23 的记录,请写出 SQL 语句。

3. 要查询 mytable 表中年龄大于或等于 20 的记录,请写出 SQL 语句。

4. 要把 mytable 表中 id 为 1 的名字更新为 Jerry,请写出 SQL 语句。

5. 把 mytable 表中 name 的字符集改为 utf8mb4,请写出 SQL 语句。

6. 把 mytable 表中的 id 字段设置为自增长,请写出 SQL 语句。

项目 1 习题答案

项目 2   体验 Django 项目

任务 2.1   通过命令提示符窗口创建 Django 项目

任务描述

通过本任务的训练,掌握在命令提示符窗口中创建 Django 项目,创建应用 App,以及运行 Django 项目的技能,并初步了解 Django 项目的基本目录结构,以及各目录和文件的基本作用。在命令提示符窗口中创建 Django 项目,虽然没有在集成开发环境中使用方便,但在没有可用的集成开发环境或集成开发环境出现问题时,仍不失为一种有效的方式。

在命令提示符窗口中创建 Django

任务目标

掌握 django-admin startproject 命令。

掌握 django-admin startapp 命令。

掌握 python manage.py runserver 命令。

任务实施

1. 在命令提示符窗口中创建 Django 项目

进入命令提示符窗口,使用以下命令检查 Django 是否已安装。

```
python - m django - version
```

如果输出 Django 版本号,表明已安装。如果没有安装,重新执行 pip install django 命令安装即可。接着,定位到磁盘的任意位置,如 C 盘根目录,执行以下命令创建 Django 项目。

```
django - admin startproject django_demo
```

命令不报错,则会在 C 盘根目录下创建一个名为 django_demo 的项目。注意:此处使用的是下画线,不能是中横线。自动生成的目录和文件如下(共包含 2 个目录和 6 个文件)。

```
django_demo/
    manage.py
    django_demo/
        __init__.py
        settings.py
        urls.py
        asgi.py
        wsgi.py
```

外层 django_demo 目录是项目的根目录,包含整个项目的所有文件。

manage.py 文件是一个非常重要的命令行工具,可以通过该工具与 Django 进行不同方式的交互。可以通过阅读 manage.py 源代码了解其功能,也可以使用 django-admin 命令了解其基本功能。可以使用的子命令如下:

(1) check;

(2) compilemessages;

(3) createcachetable;

(4) dbshell;

(5) diffsettings;

(6) dumpdata;

(7) flush;

(8) inspectdb;

(9) loaddata;

(10) makemessages;

(11) makemigrations;

(12) migrate;

(13) runserver;

(14) sendtestemail;

(15) shell;

(16) showmigrations;

(17) sqlflush;

(18) sqlmigrate;

(19) sqlsequencereset;

(20) squashmigrations;

(21) startapp;

(22) startproject;

(23) test;

(24) testserver。

其中,makemigrations、migrate、runserver、shell、startapp、startproject 是经常使用的重要命令,必须熟记。

内层 django_demo 目录：实际是 Python 的一个包，它的名字就是当需要导入该包时使用的 Python 包名，如 django_demo. urls。

__init__. py 文件：是一个空文件，它告诉 Python，该目录是一个 Python 包。如果不知道什么是 Python 包，请查阅在线文档 https://docs. python. org/3/tutorial/modules. html♯t ut-packages。

settings. py 文件：项目配置文件，想了解相关设置的详细信息可提前阅读 https://docs. djangoproject. com/en/4. 0/topics/settings/。

urls. py 文件：Django 项目的 URL(uniform pesource locator，URL)声明，即 Django 网站的访问路径，想了解更多 URL 的知识，可提前阅读 https://docs. djangoproject. com/en/4. 0/topics/http/urls/。

asgi. py 文件：ASGI(asynchronous server gateway interface，ASGI)是异步网关协议接口，一个介于网络协议服务和 Python 应用之间的标准接口，想深入了解 ASGI，可自行阅读 https://docs. djangoproject. com/en/4. 0/howto/deployment/asgi/。

wsgi. py 文件：WSGI(web server gateway interface，WSGI)是 Web 服务器网关接口，是为 Python 语言定义的 Web 服务器和 Web 应用程序或框架之间的一种简单而通用的接口。若想深入了解 WSGI，可访问 https://docs. djangoproject. com/en/4. 0/howto/deployment/wsgi/进行阅读。

2. 在命令提示符窗口中创建 App 应用

在创建 App 时，必须进入刚建好的 django_demo 目录下，再执行如下相应命令。

```
cd django_demo
django - admin startapp first_app
```

如果没出现任何错误提示，则一个名为 first_app 的 App 就建好了。注意：此处讲的 App 与手机上讲的 App 不是同一个概念，此处的 App 相当于 Django 项目中的一个模块，而手机上的 App 则是一个完整的移动应用程序。最终会在 django_demo 根目录下自动创建一个名为 first_app 的子目录，first_app 子目录下会自动生成一个空的"__init__. py"文件。

3. 在命令提示符窗口中启动 Django 项目

使用以下命令前，确认当前目标为项目根目录，并且下面有 manage. py 文件。

```
python manage. py runserver
```

启动项目后，使用浏览器访问该 Web 应用，访问路径为 http://127. 0. 0. 1:8000/，其中 8000 是 Django 项目的默认端口。

31

*任务 2.2 通过 PyCharm 终端创建 Django 项目

任务描述

使用 PyCharm 终端创建 Django 项目,与使用命令提示符窗口的方式创建 Django 项目基本一致。通过本任务的训练,培养使用 PyCharm 终端的能力。

本任务需要使用 PyCharm 终端创建 Django 项目,Django 项目名为 django_demo2,App 应用名称为 app_demo。

PyCharm 终端下
创建 Django 项目

任务目标

掌握 PyCharm 终端的使用。

强化 django-admin startproject 命令的使用。

强化 django-admin startapp 命令的使用。

强化 python manage. py runserver 命令的使用。

任务实施

1. 在 PyCharm 中启动终端命令行窗口

单击 PyCharm 集成开发环境任务栏中的 Terminal 按钮,或按快捷键“Alt+F12”,即可调出终端命令行窗口。

2. 在终端命令行窗口中创建 Django 项目

在终端命令行窗口中执行以下命令。

```
django - admin startproject django_demo2
```

3. 在终端命令行窗口中创建 App 应用

在终端命令行窗口中执行以下命令。

```
cd django_demo2
django - admin startapp app_demo
```

4. 在终端命令行窗口中启动 Django 项目

在终端命令行窗口中执行以下命令。

```
python manage. py runserver
```

任务 2.3　通过 PyCharm 向导创建 Django 项目

任务描述

使用 PyCharm 企业版创建 Django 项目是最常用的一种方式,在创建 Django 项目的同时可以创建一个应用 App,如果要创建更多的应用 App,则只能使用 PyCharm 终端方式、使用命令提示符窗口的方式或参照 App 的目录结构手动创建和配置。如果使用的是社区版的 PyCharm,则只能使用命令提示符窗口的方式或 PyCharm 终端方式来创建 Django 项目和应用 App。使用 PyCharm 创建 Django 应用时,如果选择虚拟环境,可以选择已建好的虚拟环境,也可以新建虚拟环境。掌握 PyCharm 中创建 Django 项目的技能是 Web 开发的一项基本技能。通过本任务的训练,掌握 PyCharm 中向导式创建 Django 项目的方法。

在 PyCharm 中创建 Django 项目

任务目标

学会在 PyCharm 中创建 Django 项目。

学会在 PyCharm 中创建应用 App。

学会在 PyCharm 中运行 Django 项目。

任务实施

1. 通过 PyCharm 向导式创建 Django 项目

启动 PyCharm 集成开发环境,单击 File 菜单,在弹出的下拉菜单中选择 New Project 命令,弹出新建项目窗口,选择左侧的 Django 选项,进入如图 2-1 所示的 Django 项目设置界面。下面按照图中的序号介绍具体的设置内容。

设置①:在此处填写项目名称和所在路径,本实例为 D:\django\django_demo。

设置②:在此处选择新建"虚拟环境",有 3 个选项可选,保持默认设置即可。

设置③:在此处设置"虚拟环境"所在的路径,填写项目名称后,此路径保持默认设置即可。

设置④:在此处设置解释器,即安装的 Python。

设置⑤:如果以前创建过"虚拟环境",可以选择此项并指定解释器,设置 2 和设置 5 不能同时选择,只能选择其中一项。

设置⑥:在此处设置模板目录的名称,默认为 templates。

设置⑦:在此处可以创建一个 App,填写名称即可;也可以不创建,项目建成后再用命令创建 App。

单击 CREATE 按钮,然后单击 THIS WINDOW 按钮或单击 NEW WINDOW 按钮即可。

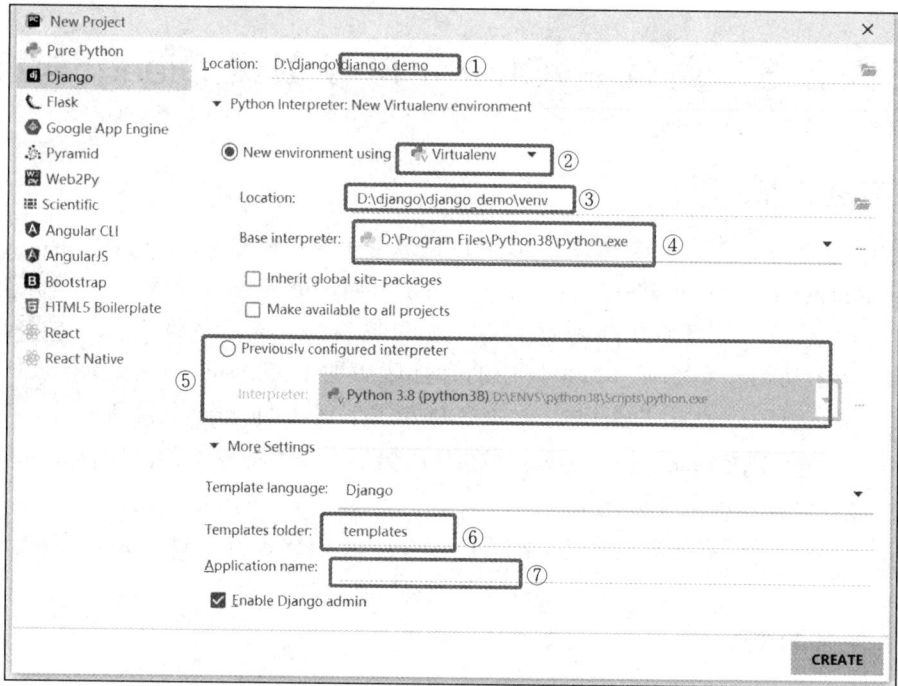

图 2-1　Django 项目设置界面

2. 通过 PyCharm 向导式创建 App 应用

方式一,在新建 Django 项目的同时进行创建,只需要在 Application name 处输入一个合适的 App 名称即可。

方式二,在 PyCharm 中使用终端进行创建,命令为 django-admin startapp first_app, first_app 是 App 的名称。注意:一定要定位到当前项目的根目录,如果不在根目录,可使用 cd 命令切换到根目录。成功创建 App 后,有以下目录和文件。

first_app 目录:创建的 App 名称。其下有"__init__. py"文件,表明 first_app 是一个包,可以被 Python 文件引用。

migrations 目录:用于放置数据迁移文件。其下也有"__init__. py"文件,表明 migrations 也是一个包,可以被 Python 文件引用。

admin. py 文件:后台管理工具,通过它可以注册模型类。

apps. py 文件:用于生成当前 App 的配置类,内容自动生成,一般不用修改。

models. py 文件:模型文件,其中定义各种模型,每个模型都与数据库中的表严格对应。

tests. py 文件:测试文件,用于编写测试代码。

views. py 文件:视图文件,用于定义视图函数或视图类。

3. 通过 PyCharm 启动 Django 项目

方式一,使用终端命令 python manage. py runserver 启动 Django 项目。

注意：一定要在项目的根目录下执行该命令。

方式二，使用 PyCharm 工具栏中的按钮启动 Django 项目。

单击图 2-2 所示界面中的三角形按钮▶，启动 Django 项目；单击图 2-2 所示界面中的虫子按钮🐞，以调试方式启动 Django 项目。

图 2-2　利用 PyCharm 工具栏中的按钮启动 Django 项目

如果是新建项目，从未运行过项目（包含终端命令），如图 2-2 所示界面的第一个框中选择的并不是 DJANGO_DEMO 选项，而是 ADD CONFIGURATION，需要做相应配置才可使用。配置方式为：单击 ADD CONFIGURATION 选项进入配置界面，在配置界面中单击"＋"按钮并选择 Django Server，进入如图 2-3 所示的 Django Server 配置界面。下面按照图中的序号 1～5 来介绍具体的设置内容。

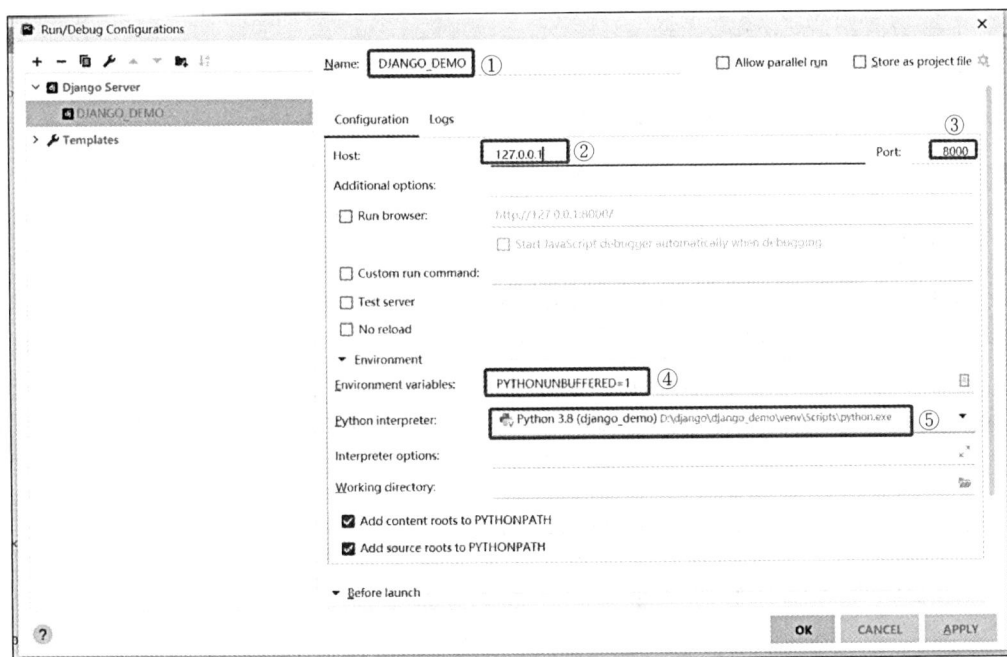

图 2-3　Django Server 配置界面

设置①：在此处对 Django Server 进行命名，一般以项目名称的大写形式进行命名。

设置②：在此处设置访问应用的 IP 地址，本机地址为 127.0.0.1 或 localhost 均可。

设置③：在此处配置端口，默认为 8000。

设置④：此处显示"PYTHONUNBUFFERED＝1"，启用 Python 的缓冲机制，保持默认设置即可。

设置⑤：在此处设置解释器的位置，即安装的 Python 程序的位置。如果没有自动找到,可手动选择 Python 安装的正确位置。

*任务 2.4　创建 Python 虚拟环境

任务描述

　　使用虚拟环境可以把项目与项目进行隔离,防止因版本问题而造成的冲突。在不同的虚拟环境中,可以使用不同版本的 Python 解释器,可以使用不同版本的 Python 第三方库。通过本任务的练习,应能使用命令提示符窗口和终端创建虚拟环境的方式,并能在 PyCharm 中创建 Django 项目时正确选择虚拟环境。

Python 虚拟环境
的创建

任务目标

　　理解虚拟环境的作用。
　　能在命令提示符窗口创建虚拟环境。
　　能在 PyCharm 终端下创建虚拟环境。
　　能在 PyCharm 中创建或选择虚拟环境。

任务实施

　　虚拟环境,顾名思义,它是一个虚拟出来的环境。通俗地讲,可以将其理解为一个"容器",在这个容器中可以只安装项目需要的依赖包,且各个容器之间互相隔离,互不影响。

　　virtualenv 是一个非常优秀的 Python 虚拟环境创建工具,它最大的优点是可以为每个 Python 项目单独创建一个环境,既不影响 Python 系统环境,也不会干扰其他项目的环境。

1. 在命令提示符窗口中创建虚拟环境

1) 安装 virtualenv 库

```
pip install virtualenv
```

如果出现"successfully installed"提示,则表示安装成功。

2) 使用 virtualenv 命令创建虚拟环境

任意找一个空目录,在命令提示符窗口中定位到该目录,执行以下命令。

```
virtualenv test_venv
```

3) 使用 activate.bat 批处理程序激活虚拟环境

执行 C:\test\test_venv\Scripts 目录下批处理文件 activate.bat 中的命令即可。具体位置以实际虚拟环境为准。命令及执行结果如下。

```
C:\test\test_venv\Scripts > activate.bat
(test_venv) C:\test\test_venv\Scripts >
```

4）使用 deactivate.bat 批处理程序退出虚拟环境

执行 C:\test\test_venv\Scripts 目录下批处理文件 deactivate.bat 中的命令即可。具体位置以实际虚拟环境为准。命令及执行结果如下。

```
(test_venv) C:\test\test_venv\Scripts > deactivate.bat
C:\test\test_venv\Scripts >
```

5）使用操作系统 rd 命令删除虚拟环境

当不使用虚拟环境，直接删除或用命令删除虚拟环境即可。命令如下。

```
C:\test > rd test_venv /s /q
```

2. 在 PyCharm 终端命令行窗口中创建虚拟环境

与在命令提示符窗口中一致，过程略。

3. 在 PyCharm 创建项目时选择虚拟环境

1）在创建项目时选择虚拟环境

使用 PyCharm 创建 Django 项目时，在如图 2-4 所示的界面中做相应选择即可。

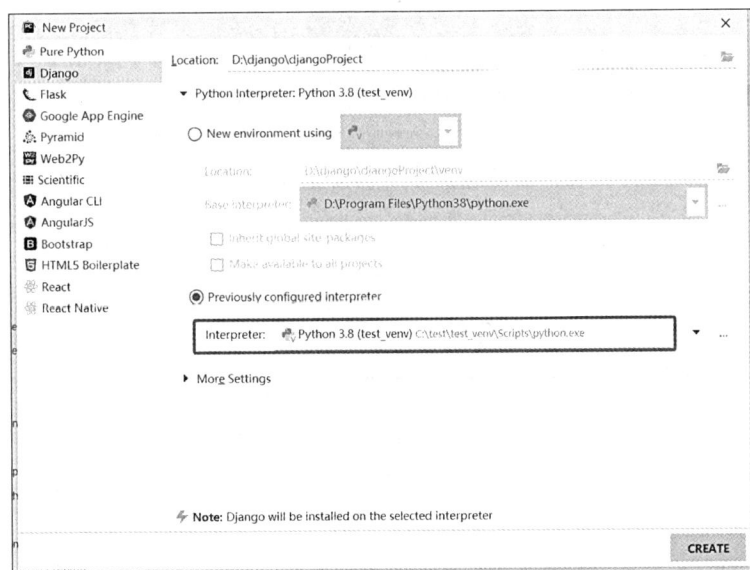

图 2-4　创建项目时选择虚拟环境

2）在已建项目后选择虚拟环境

在 PyCharm 集成开发环境中，通过单击 File 菜单，在弹出的下拉菜单中选择并单击 Settings 选项，弹出设置界面；在设置界面中单击"Project：项目名称"菜单，然后在弹出的下拉菜单中选择 Python Interpreter 选项,出现如图 2-5 所示的设置界面,然后进行选择即可。

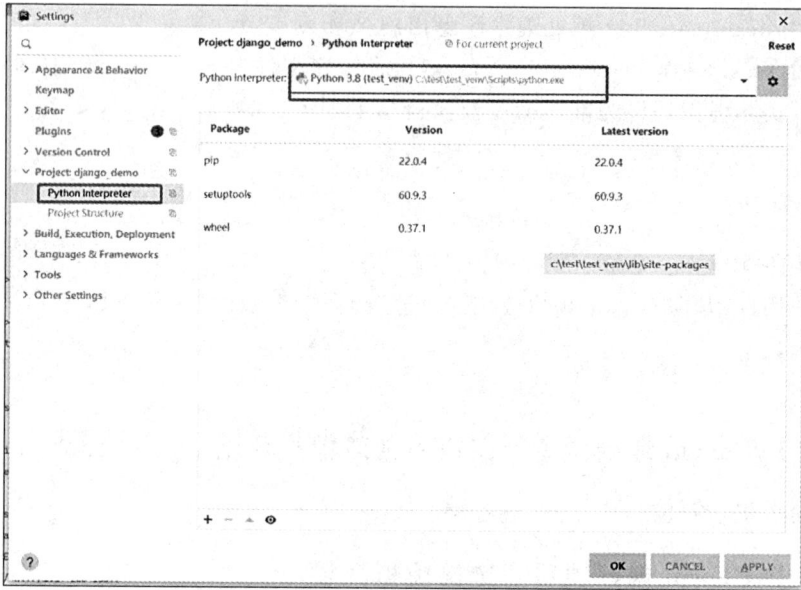

图 2-5　在已建项目中选择虚拟环境

4. 在 PyCharm 创建项目时新建虚拟环境

使用 PyCharm 新建 Django 项目时,在如图 2-6 所示的界面中做相应选择即可。

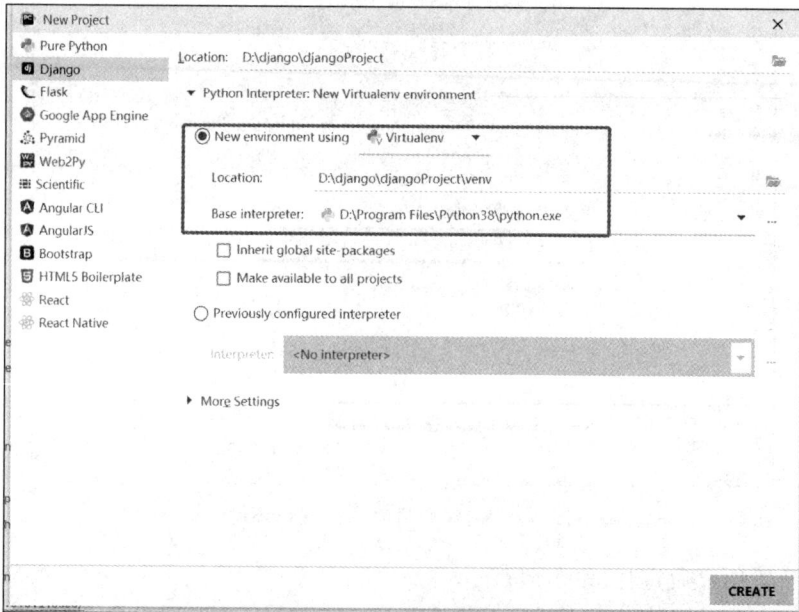

图 2-6　在创建项目时新建虚拟环境

任务 2.5　编写模型类 Book

任务描述

Django 的 Model(模型),不同于数据本身,不仅描述数据的构成,还描述数据的逻辑关系,是一种抽象表示。Django 中的 Model 实际上是一个继承了 models.Model 的 Python 类。每个 Model 类对应数据库中的一张表,类中的每个属性分别对应数据库表中的一个字段。本任务以"孔夫子"二手书交易电商平台为业务场景进行需求分析,构建数据库逻辑模型,进而创建 Django 的 Model 类。

模型类 Book 的编写

本项目的大致需求如下,真实项目的需求更为复杂。

(1) 该平台需要向用户显示二手书的相关信息,包括书的类型、名称、ISBN、作者(译者)、出版社、原价、现价及简介等。

(2) 用户可以将满意的书加入收藏或添加到购物车,并通过线上支付进行购买。

(3) 管理员可以添加、修改和删除图书的相关信息。

(4) 首页需要按照图书的分类进行分区域显示。

(5) 首页需要对热点图书进行 Top 10 显示。

(6) 图书列表需要进行分页显示。

(7) 图书可以按照分类、价格等进行排序。

(8) 登录用户才可以购买图书。

本任务是通过创建书籍模型类 Book,使读者初步掌握模型类基本字段的选择和使用。

任务目标

学习基本的业务需求分析法。

学习数据库实体的定义方法。

掌握 AutoField 字段的使用。

掌握 CharField 字段的使用。

掌握 IntegerField 字段的使用。

掌握 DateField 字段的使用。

掌握 FileField 字段的使用。

任务实施

1. 设计数据库逻辑模型

根据以上业务需求,初步构建出该图书交易平台的数据库逻辑模型。下面仅简要列出各数据库实体的定义(以及所包含的字段或属性)。

　　用户实体：登录 ID,登录密码,真实姓名,手机号码,电子邮件,用户类型等。

　　图书实体：ISBN,名称,作者(译者),库存量,收藏数量,已售数量,新旧程度,出版社,出版时间,原价,现价,封面,简介,上架日期,版次等。

　　图书分类实体：一级分类(中文图书、外文图书),二级分类(诗词、散文、小说、戏曲、科技、哲学和教辅等)。

　　购物车实体：用户 ID,商品 ID,购买数量。

　　订单实体：订单总金额,订单状态(待支付、待发货、待收货、退货中、完成),创建时间,用户 ID。

　　订单详情实体：订单 ID,图书 ID,数量,金额。

2. 编写图书模型类 Book

创建项目和 App,使用 PyCharm 创建 Django 项目 kongfuzi 和 App 应用 books。

配置 App,找到 kongfuzi/kongfuzi/settings.py 中的 INSTALLED_APPS 配置项,在最后新增 books 即可。如果默认已经有 books.apps.BookConfig 配置项,则可省略 books 配置,或者注释掉默认的配置。

```
INSTALLED_APPS = [
    'books',
]
```

编写模型类,找到 kongfuzi/books/models.py,定义模型类 Book,其代码如下。

```
1   from django.db import models
2   # Book 模型定义
3   class Book(models.Model):
4       id = models.AutoField(primary_key = True) # 主键定义
5       isbn = models.CharField('ISBN', max_length = 13, unique = True)
6       name = models.CharField("图书名称", max_length = 100)
7       types = models.CharField("图书类型", max_length = 100)
8       author = models.CharField("作者(译者)", max_length = 100)
9       stock = models.IntegerField("库存数量")
10      likes = models.IntegerField("收藏数量", default = 0)
11      sold = models.IntegerField("已售数量", default = 0)
12      used = models.FloatField("新旧程度", null = True)
13      publishing_house = models.CharField("出版社", max_length = 100)
14      version = models.CharField("版次", max_length = 20, default = "第 1 版")
15      price = models.FloatField("原价")
16      discount = models.FloatField("现价")
17      publishing_date = models.DateField("出版时间")
18      created = models.DateField("上架时间", auto_now_add = True)
19      img = models.FileField("封面", upload_to = 'static/images')
20      details = models.FileField("图书简介", upload_to = "static/details")
21      def __str__(self):
```

```
22        return str(self.id)
23    class Meta:
24        verbose_name = '图书信息'
25        verbose_name_plural = "图书信息"
```

*任务 2.6　在线自学模型 Models

任务描述

学习软件开发需要不断地学习新知识和新技术,及时更新自己的知识结构,提高自己的认识水平和开发技能。自学能力是从事软件开发的一项基本技能,在 IT 技术日新月异的形势下,显得尤其重要。通过本任务的训练,形成自学习惯。Models 是 Django MVT 中 Model 层的重要内容,熟练掌握 Models 的相关内容是学好 Django 框架的重要一环。

本任务需要通过 https://docs.djangoproject.com/en/4.0/topics/db/models/网站自学 Models 相关的知识。

任务目标

能正确规范选择模型字段。

能使用主要的字段类型定义模型字段。

了解主要的模型方法。

任务实施

1. 学习 Models 的字段定义

模型字段定义尽量做到意思明确(book_name 或 name 就比 xyz 意思明确),并且不能使用 Django 中的关键字(如 delete、save、clean 等)。

2. 学习 Models 的字段类型

包括 Integer(整型)、Float(浮点型)、Char(字符型)、Date(日期型)、File(文件型)、Auto(自增长型)、DateTime(日期时间型)、Text(文本型)、ForeignKey(外键定义)、ManyToManyField(多对多关系)。自增长字段可用 AutoField 或 BigAutoField。

3. 学习 Models 的字段选项

表 2-1 所示为模型字段选项。

表 2-1　模型字段选项

名　称	含　义	值　类　型	取　值	默认值
null	是否可空	布尔型	True|False	False
blank	是否可空白字符	布尔型	True|False	False
choices	在添加和修改页面出现一个选择框	二元序列,如[("待支付": "待支付"),("待发货": "待发货")]		
default	默认值	字符串		
help_text	当使用表单组件时,字段不可用时显示内容	字符串		
primary _key	定义主键	布尔型	True|False	
unique	键	布尔型	True|False	

4. 学习 Models 的 class Meta

ordering,排序,其值是一个列表,列表值是字段名称。

db_table,定义数据库的表名称。

verbose_name,人工可读的单数名称。

verbose_name_plural,人工可读的复数名称。

以上选项均非必需。

5. 学习 Models 的方法

__str__()方法,在模型中定义该方法,该方法返回一个代表模型的字段串。

save()方法,父类的方法,可以覆盖,其代码如下。

```
1  def save(self, * args, ** kwargs):
2    do_something()
3    super().save( * args, ** kwargs) # Call the "real" save() method.
4    do_something_else()
```

delete()方法,父类的方法,可以覆盖。

*任务 2.7　编写模型类 Type

📖 任务描述

　　任务 2.5 介绍了在线图书销售系统的业务需求和数据库实体定义。根据图书分类需求和数据库实体定义,编写出图书分类实体的模型类 Type。通过本任务的训练,巩固编写 Django 模型类的技能。

模型类 Type 的
编写

任务目标

准确理解商品类型的需求。

能根据数据库实体定义编写模型类 Type。

巩固 AutoField 字段的使用。

巩固 CharField 字段的使用。

任务实施

在 kongfuzi/books/models.py 文件中编写模型类 Type,其代码如下。

```
1  # 图书分类 Model
2  class Type(models.Model):
3    id = models.AutoField(primary_key = True) # 主键
4    first = models.CharField("一级分类", max_length = 100)
5    second = models.CharField("二级分类", max_length = 100)
6    def __str__(self):
7      return str(self.id)
8    class Meta:
9      verbose_name = '图书分类'
10     verbose_name_plural = '图书分类'
```

*任务 2.8　编写模型类 Order

任务描述

在项目 2 任务 2.5 中介绍了在线图书销售系统的业务需求和数据库实体定义。根据订单需求和数据库实体定义,编写出订单实体的模型类 Order。通过本任务的训练,巩固编写 Django 模型类的技能。

模型类 Order 的
编写

任务目标

准确理解订单的需求。

能根据数据库实体定义编写模型类 Order。

巩固 AutoField 字段的使用。

巩固 CharField 字段的使用。

掌握 FloatFiled 字段的使用。

掌握 DateTimeField 字段的使用。

掌握 ForeignKey 字段的使用。

任务实施

进入 PyCharm 集成开发环境的终端命令行窗口,先使用命令定位到 kongfuzi 目录下,再执行以下命令创建 App,名称为 shopping:

```
django - admin startapp shopping
```

配置 App(shopping):

```
INSTALLED_APPS = [
  `shopping`,
]
```

在 kongfuzi/shopping/models. py 文件中,编写模型类 Order,其代码如下。

```
1   from django.db import models
2   from django.contrib.auth. models import User
3   #订单状态
4   STATUS = (
5     ('待支付', '待支付'),
6     ('待发货', '待发货'),
7     ('待收货', '待收货'),
8     ('退货中', '退货中'),
9     ('完成', '完成'),
10  )
11  #订单模型定义
12  class Order(models.Model):
13    id = models.AutoField(primary_key = True) #主键
14    total = models.FloatField("订单总金额")
15    status = models.CharField("订单状态", max_length = 50, choices = STATUS)
16    create = models.DateTimeField("创建时间", auto_now_add = True)
17    user = models.ForeignKey(User, on_delete = models.CASCADE) #外键,级联删除
18    def __str__(self):
19      return str(self.id)
20    class Meta:
21      verbose_name = '订单信息'
22      verbose_name_plural = '订单信息'
```

*任务 2.9 编写模型类 OrderDetail

任务描述

任务 2.5 介绍了在线图书销售系统的业务需求和数据库实体定义。根据订单详情的需求和数据库实体定义,编写出订单详情实体的模型类

模型类 OrderDetail 的编写

OrderDetail。通过本任务的训练,巩固编写 Django 模型类的能力。

任务目标

准确理解订单详情的需求。

能根据数据库实体定义编写模型类 OrderDetail。

巩固 AutoField 字段的使用。

巩固 ForeignKey 字段的使用。

巩固 IntegerField 字段的使用。

巩固 FloatField 字段的使用。

任务实施

在 kongfuzi/shopping/models.py 文件中,编写模型类 OrderDetail,其代码如下。

```
1   # 订单详情模型定义
2   class OrderDetail(models.Model):
3     id = models.AutoField(primary_key = True) # 主键
4     order = models.ForeignKey(Order, on_delete = models.CASCADE)    # 外键,级联删除
5     book = models.ForeignKey(Book, on_delete = models.CASCADE)      # 外键,级联删除
6     quantity = models.IntegerField("数量")
7     amount = models.FloatField("金额")
8     def __str__(self):
9       return str(self.id)
10    class Meta:
11      verbose_name = '订单详情'
12      verbose_name_plural = '订单详情'
```

*任务 2.10　编写模型类 CartInfo

任务描述

任务 2.5 介绍了在线图书销售系统的业务需求和数据库实体定义。根据购物车需求和数据库实体定义,编写购物车实体的模型类 CartInfo。通过本任务的训练,巩固编写 Django 模型类的能力。

模型类 CartInfo 的编写

任务目标

准确理解购物车的需求。

能根据数据库实体定义编写模型类 CartInfo。

巩固 AutoField 字段的使用。

巩固 ForeignKey 字段的使用。

巩固 IntegerField 字段的使用。

任务实施

在 kongfuzi/shopping/models.py 文件中,编写模型类 CartInfo,其代码如下。

```
1  #购物车模型定义
2  class CartInfo(models.Model):
3    id = models.AutoField(primary_key = True) #主键
4    user = models.ForeignKey(User,on_delete = models.CASCADE) #外键
5    book = models.ForeignKey(Book,on_delete = models.CASCADE) #外键
6    amount = models.IntegerField("商品数量")
7    def __str__(self):
8      return str(self.id)
9    class Meta:
10     verbose_name = '购物车'
11     verbose_name_plural = '购物车'
```

任务 2.11　执行数据迁移

任务描述

数据迁移(migrations),即将 Django 中的模型(Model)转换为数据库模型(database schema)的过程。在 Django 中新建、修改或删除 Model 类,都需要在相应的数据库中新建表、修改表或删除表,但这些工作都可以使用数据迁移来自动完成。

数据迁移

在进行数据迁移前,需要先建立数据库并确保有访问权限,然后在 Django 项目的 settings.py 中正确配置数据库的连接。

通过本任务的训练,掌握 Django 数据迁移的相关命令;同时验证模型类的编写是否正确,验证配置文件的配置是否正确,并解决遇到的相关问题。

任务目标

能使用 Navicat 工具在 MySQL 中创建数据库。

能会 Django 的 MySQL 数据库配置。

能会 make migrations 和 migrate 命令。

对数据迁移中的问题进行判断和分析。

任务实施

1. 创建数据库 kongfuzi

使用 Navicat 工具连接 MySQL 数据库,并创建数据库 kongfuzi。新建数据库时,一定要选择数据库的编码为 UTF-8(如果选择 utf8mb4 更好,后者能识别更多的字符);否则可能会出现一些汉字乱码的问题。

2. 配置 Django 项目的数据库连接

Django 目前提供了 4 种数据库的支持,包括 SQLite、MySQL、PostgreSQL 和 Oracle,本任务以 MySQL 进行实战演练,同时提供其他 3 种数据库的参考配置。

1)配置 SQLite 数据库

Django 中数据库的默认配置为 SQLite 3 数据库,其代码如下。

```
1  DATABASES = {
2   'default': {
3     'ENGINE': 'django.db.backends.sqlite3',
4     'NAME': BASE_DIR / 'db.sqlite3',
5   }
6  }
```

该数据库一般用在开发阶段或 Django 学习阶段,而且仅适用于规模比较小的应用,不适合复杂应用和生产环境使用。以上代码的参数说明如下:

ENGINE,数据库引擎名称。

NAME,数据库名称,就是一个名为 db.sqlite3 的文件名,位置在 BASE_DIR 下。

```
BASE_DIR = Path(__file__).resolve().parent.parent
```

该目录实际就是项目的根目录,即 kongfuzi/。

2)配置 MySQL 数据库

Django 中 MySQL 数据库的配置代码如下。

```
1   DATABASES = {
2    'default': {
3      'ENGINE': 'django.db.backends.mysql',
4      'NAME': 'kongfuzi',
5      'USER':'root',
6      'PASSWORD':'123456',
7      'HOST':'127.0.0.1',
8      'PORT':'3306'
9    }
10  }
```

以上代码中的参数说明如下。

ENGINE,数据库引擎名称。

47

NAME,数据库名称。

USER,连接数据库的用户名。

PASSWORD,连接数据库的密码。

HOST,数据库的 IP 地址。

PORT,数据库对应开放的端口。

根据 Django 官方解释,MySQL 数据库缺乏事务支持,因此在数据迁移失败时不能进行回滚操作,需要手动处理。此外,当对表进行重写时,若数据量较大,可能需要较长的时间来完成操作。

3)配置 PostgreSQL 数据库

Django 中 PostgreSQL 数据库的配置代码如下。

```
1  DATABASES = {
2    'default': {
3      'ENGINE': 'django.db.backends.postgresql',
4      'NAME': 'mydatabase',
5      'USER': 'mydatabaseuser',
6      'PASSWORD': 'mypassword',
7      'HOST': '127.0.0.1',
8      'PORT': '5432',
9    }
10 }
```

相关配置的含义同 MySQL 数据库的配置。根据 Django 官方解释,该数据库是对 Django 支持最好的一个数据库。

4)配置 Oracle 数据库

Django 中 Oracle 数据库的配置代码如下。

```
1  DATABASES = {
2    'default':
3      'ENGINE': 'django.db.backends.oracle,
4      'NAME': '数据库名称',
5      'USER':'账号',
6      'PASSWORD':'密码',
7      'HOST':'127.0.0.1',
8      'PORT':'1521'
9    }
10 }
```

Oracle 数据库是一个功能强大的商业化数据库。相关配置的含义同 MySQL 数据库中的配置。

3. 执行数据迁移命令

准备数据迁移前需要编写自己的 Model 类(根据项目业务需求不同而不同),当然 Django 框架本身也定义了许多 Model,在第一次执行数据迁移时,这些系统 Model 会一并进行迁移。

我们在前边已经定义了 5 个模型类,分别是 Book、Type、Order、OrderDetail 和 CartInfo。如果没有定义好,可参考相关任务完成定义。

（1）安装 mysqlclient 库。

```
pip install mysqlclient
```

（2）执行 makemigrations 命令。在 PyCharm 中启动终端,在终端命令行窗口中执行以下命令。

```
python manage.py makemigrations
```

分别生成两个文件（books\migrations\0001_initial.py 和 shopping\migrations\0001_initial.py）,这两个文件的具体内容可自行查看,此处不再赘述。

（3）执行 migrate 命令。

```
python manage.py migrate
```

*任务 2.12　执行数据导入与导出

任务描述

为了增强数据的安全性或变换部署环境时的数据安全,都涉及数据库数据的备份和恢复。数据备份和恢复的方式有多种,使用数据库本身提供的数据备份和恢复命令,使用 Navicat 中提供的备份和恢复功能,使用 Django 框架提供的备份和恢复命令,都可以完成该任务。通过本任务的训练,应掌握使用 Django 的命令进行数据库数据的备份和恢复技能。

数据的导入与导出

任务目标

能使用 dumpdata 导出数据库中数据。
能使用 loaddata 将备份数据导入数据库。
能解决导入、导出中的编码问题。

任务实施

1. 执行数据导出（备份数据）

使用 PyCharm 打开 kongfuzi 项目,并在终端命令行窗口执行以下命令。

```
python manage.py dumpdata > backdata.json
```

执行以上命令后,会在项目根目录下生成 backdata.json 文件,文件中保存了数据库的相关信息。该文件是 JSON(JavaScript Object Notation,JSON)格式,而且是压缩过的。如果想把 JSON 数据观察和分析得更清楚,可用在线 JSON 格式化工具进行格式化,比如使用 https://www.sojson.com/在线格式化工具。下面是执行结果的一部分。

```
[{"model": "auth.permission", "pk": 1, "fields": {"name": "Can add log entry", "content_
    type": 1, "codename": "add_logentry"}}
]
```

由于篇幅所限,删除了大量数据,这里仅保留一条数据。model 的值 auth.permission 对应数据库表名;pk 的值 1 对应主键的值;fields 的值对应数据库表一条记录中的各字段的名称和值。

2. 执行数据导入(恢复数据)

为了保险起见,先使用 Navicat 备份 kongfuzi 中的所有数据库表和数据(使用转储 SQL 文件功能,具体操作略);然后清空 backdata.json 中出现的所有表中的数据(清空数据,不是删除表);再做以下练习。

在 PyCharm 终端命令行窗口执行以下命令。

```
python manage.py loaddata backdata.json
```

3. 解决乱码问题

如果出现以下错误,是因为导出的 backdata.json 默认使用 ANSI(American National Standards Institute,ANSI)编码,使用记事本打开该文件,另存为 UTF-8 编码,再次执行导入命令即可:

```
UnicodeDecodeError: 'utf - 8' codec can't decode byte 0xca in position 3177: invalid
continuation byte
```

任务 2.13　添加数据操作 ▍

任务描述

通过 Shell 交互式命令,可以快速学习和理解 Django 操作数据库数据的方式。通过本任务的训练,掌握在 Shell 交互式命令窗口中编写代码的技能,能够使用 save()和 create()添加数据库记录。

在 Shell 交互式命令
窗口中添加数据

任务目标

掌握使用 save()方法添加数据库记录的方法。
掌握使用 create()方法添加数据库记录的方法。

任务实施

1. 使用 save()方法添加数据(1)

为了在 Python 对象中表示数据库表中的数据,Django 使用了一个直观的模型类来表示数据库表,该类的一个实例表示数据库表中的一条记录。当实例化模型类后,就得到一个模型类的对象,然后调用该对象的 save()方法就可以把对象中携带的数据保存到数据库对应的表中。

本实战使用 kongfuzi 项目中的模型类 Type 做演示,Type 类的定义如下。

```
1   #图书分类 Model
2   class Type(models.Model):
3       id = models.AutoField(primary_key = True) #主键
4       first = models.CharField("一级分类",max_length = 100)
5       second = models.CharField("二级分类",max_length = 100)
6       def __str__(self):
7           return str(self.id)
8       class Meta:
9           verbose_name = '图书分类'
10          verbose_name_plural = '图书分类'
11          unique_together = ['first', 'second']
```

在进行以下操作前,确保已经完成了数据迁移操作,在数据库中已生成了表 books_type,否则需按照相关步骤执行数据迁移后再继续操作。

在 PyCharm 集成开发环境的终端命令行窗口先执行以下命令,进入 Shell 交互式命令窗口。

```
python manage.py shell
```

然后,在 Shell 交互式命令窗口依次输入以下 3 条语句(要确保每个字符都准确无误,包括大小写和英文符号)。

```
1   from books.models import Type
2   t = Type(first = '文学',second = '小说')
3   t.save()
```

对以上语句的作用说明如下。

第 1 条语句,从 books.models 中引入 Type 模型类。

第 2 条语句,实例化 Type 类,生成一个 Type 类的对象 t。

第 3 条语句,调用对象 t 的 save()方法,把 t 携带的数据保存到数据库表 books_type 中。

2. 使用 save()方法添加数据(2)

在 Shell 交互式命令窗口执行以下语句。

51

```
1  from books.models import Type
2  t = Type()
3  t.first = '文学'
4  t.second = '诗词'
5  t.save()
```

与步骤 1 不同的地方是实例化 Type 对象的方式不同,其他均一致。

3. 使用 create()方法添加数据(1)

在 Shell 交互式命令窗口执行以下语句。

```
1  from books.models import Type
2  t = Type.objects.create(first = '文学', second = '戏剧')
3  t.id
```

以上最后一条语句是非必要的,第 2 条语句执行完后,数据库表 books_type 中已成功添加了一条数据,最后一条语句是显示返回的主键 id 的值。

4. 使用 create()方法添加数据(2)

在 Shell 交互式命令窗口执行以下语句。

```
1  from books.models import Type
2  d = dict(first = '文学', second = '散文')
3  t = Type.objects.create( ** d)
4  t.id
```

和步骤 3 的不同之处为:create()方法的参数使用的是字典,字典是可以存放多条记录的,大家不妨试试在字典中存放多条记录。

*任务 2.14　添加数据操作 Ⅱ

任务描述

通过本任务的训练,巩固在 Shell 交互式命令窗口下编写代码的技能,掌握使用 get_or_create()、update_or_create()和 bulk_create()添加数据库记录的方法。

添加数据的
其他方式

任务目标

掌握使用 get_or_create()添加数据库记录的方法。
掌握使用 update_or_create()添加数据库记录的方法。
掌握使用 bulk_create()添加数据库记录的方法。

任务实施

1. 使用 get_or_create()方法查找或新增数据

为了防止数据重复添加,Django 提供了 get_or_create()方法,该方法会将模型类对象各字段的值与数据库对应表的字段值进行对比,查看是否存在重复记录。其运行规则为:除主键 id 外,只要有一个模型类对象字段的值与数据库表的对应字段值不相同,就执行数据新增操作;否则执行查询操作,返回已经存在的记录。

在 Shell 交互式命令窗口执行以下语句。

```
1  from books.models import Type
2  d = dict(first = '哲学', second = '逻辑学')
3  t = Type.objects.get_or_create( ** d)
4  t[0].id
5  t = Type.objects.get_or_create( ** d)
6  t[0].id
```

执行以上语句后发现,两次 t[0].id 输出的结果是一样的,即第 2 次并没有添加新的数据,只是返回了上一次添加数据的 id。

2. 使用 update_or_create()方法更新或新增数据

update_or_create()方法有两个参数,第 1 个参数是准备添加的字段值,第 2 个参数是准备修改的字段值。运行规则为:使用第 1 个参数去数据库表查找数据,如果找到,则使用第 2 个参数提供的值修改记录;否则添加一条新的记录。

在 Shell 交互式命令窗口执行以下语句。

```
1  from books.models import Type
2  d = dict(first = '哲学', second = '伦理学')
3  t = Type.update_or_create( ** )
4  t
5  t = Type.update_or_create( ** )
6  t
7  t = Type.objects.update_or_create( ** d, defaults = {'second':'美学'})
8  t
9  t[0].second
```

以上第 4、6、8 条语句中的 t 输出的记录号均相同,表明是同一条记录。

第 1 个 t 输出的结果是(< Type:8 >, True),表示原来数据表中并无第 2 条语句提供的记录,执行添加新记录操作成功。

第 2 个 t 输出的结果是(< Type:8 >, False),表示原来数据表中有第 2 条语句提供的记录,没有添加新记录,所以返回 False。

第 3 个 t 输出的结果也是(< Type:8 >, False),但记录 Type 的 second 字段已由"伦理学"修改为"美学"。

可以在第 4、6 条语句后分别添加 t[0]. second 语句,以便分析和对比。

3. 使用 bulk_create()方法批量添加数据

在 Shell 交互式命令窗口执行以下语句。

```
1  from books.models import Type
2  t1 = Type(first = '哲学',second = '认识论')
3  t2 = Type(first = '哲学',second = '形而上学')
4  obj_list = [t1,t2]
5  Type.objects.bulk_create(obj_list)
```

执行以上语句后,成功地在数据库表 books_type 中添加了两条记录。

任务 2.15　更新数据操作

任务描述

通过 Shell 交互式命令方式快速掌握 Django 对数据库表的更新操作。通过本任务的训练,掌握使用 get()+save()、update()、filter()+update()、内置 F()、bulk_update()更新数据的方法。

在 Shell 交互式
命令窗口下更
新数据

任务目标

掌握使用 get()+save()更新数据的方法。

掌握使用 update()更新数据的方法。

掌握使用 filter()+update()更新数据的方法。

掌握内置 F()方法的使用。

掌握使用 bulk_update()更新数据的方法。

任务实施

1. 使用 get()+save()方法更新数据

基本步骤包括查询、修改和保存。以 books_type 表为例,对应的模型为 Type。先进入 PyCharm 终端命令行窗口,执行"python manage. py shell"命令,进入 Shell 交互式命令窗口,在 Shell 交互式命令窗口执行以下语句。

```
1  from books.models import Type
2  t = Type.objects.get(id = 1)
3  print(t.id,t.first,t.second)
4  t.second = '歌剧'
5  t.save()
```

对以上语句的作用说明如下。

第 1 条语句，从 books.models 中引入模型 Type。

第 2 条语句，查询 id 为 1 的模型对象。

第 3 条语句，输出模型字段的值。

第 4 条语句，修改模型字段 second 的值为"歌剧"。

第 5 条语句，保存修改的结果。

2. 使用 update()方法更新全部数据

在 Shell 交互式命令窗口执行以下语句。

```
1  from books.models import Type
2  Type.objects.update(second = '小说')
```

对以上语句的作用说明如下。

第 1 条语句，从 books.models 中引入模型 Type。

第 2 条语句，更新模型 Type 所有对象的字段 second 的值为"小说"。

3. 使用 filter()＋update()方法更新符合条件的数据

在 Shell 交互式命令窗口执行以下语句。

```
1  from books.models import Type
2  Type.objects.filter(id = 1).update(second = '小说')
3  d = dict(second = '诗歌')
4  Type.objects.filter(id = 1).update( ** d)
```

对以上语句的作用说明如下。

第 1 条语句，从 books.models 中引入模型 Type。

第 2 条语句，更新 id 为 1 的模型对象，把字段 second 的值修改为"小说"。

第 3 条语句，实例化一个字典，key 为 second，value 为"诗歌"。

第 4 条语句，更新 id 为 1 的模型对象，把字段 second 的值修改为"诗歌"，使用字典做 update()的参数。

4. 使用内置 F()方法实现数据的自增或自减

在 Shell 交互式命令窗口执行以下语句。

```
1  from books.models import Type
2  from django.db.models import F
3  t = Type.objects.filter(id = 1)
4  t.update(id = F('id') + 10)
```

对以上语句的作用说明如下。

第 1 条语句，从 books.models 中引入模型 Type。

第 2 条语句,引入内置方法 F()。

第 3 条语句,查询字段 id 为 1 的模型对象。

第 4 条语句,对自增长字段 id 进行加 10 操作。

注意:修改后的 id 值不应该与其他记录的 id 值重复;否则会出现主键重复错误。

5. 使用 bulk_update()方法批量更新数据

在 Shell 交互式命令窗口执行以下语句。

```
1  from books.models import Type
2  t1 = Type.objects.filter(id = 2)
3  t2 = Type.objects.get(id = 3)
4  t1.second = '诗歌'
5  t2.first = '工具书'
6  Type.objects.bulk_update([t1,t2],fields = ['second','first'])
```

对以上语句的作用说明如下。

第 1 条语句,从 books.models 中引入模型 Type。

第 2 条语句,查询 id 为 2 的记录。

第 3 条语句,查询 id 为 3 的记录。

第 4 条语句,将 t1 对象的字段 second 赋值为"诗歌"。

第 5 条语句,将 t2 对象的字段 first 赋值为"工具书"。

第 6 条语句,执行批量更新。第 1 个参数是一个列表对象,提供需要更新的模型对象;第 2 个参数也是一个列表对象,指明更新的模型字段。注意与第 1 个参数列表中的元素的对应关系。

*任务 2.16　删除数据操作 |

任务描述

通过 Shell 交互式命令方式快速掌握 Django 对数据库表的删除操作。通过本任务的训练,掌握使用 all()＋delete()、get()＋delete()、filter()＋delete()删除数据的方法。

删除数据

任务目标

掌握使用 all()＋delete()删除所有数据的方法。

掌握使用 get()＋delete()删除一条数据的方法。

掌握使用 filter()＋delete()删除一批数据的方法。

任务实施

执行以下操作前,应备份表 books_type 中的数据。当删除数据后,先执行还原数据操作,再执行后续相关删除操作。

1. 使用 all()＋delete()方法删除全部数据

在 Shell 交互式命令窗口执行以下语句。

```
1  from books.models import Type
2  Type.objects.all().delete()
```

执行以上操作后,数据表 books_type 中的数据会全部被删除。

2. 使用 get()＋delete()方法删除一条数据

执行操作前应还原表 books_type 中的数据。在 Shell 交互式命令窗口执行以下语句。

```
1  from books.models import Type
2  Type.objects.get(id = 2).delete()
```

执行以上语句后,表 books_type 中字段 id 为 2 的记录被删除。

3. 使用 filter()＋delete()方法删除一批数据

在 Shell 交互式命令窗口执行以下语句。

```
1  from books.models import Type
2  Type.objects.filter(first = '哲学').delete()
```

执行以上语句后,表 books_type 中字段 first 的值为"哲学"的全部记录被删除。

*任务 2.17　删除数据操作Ⅱ

任务描述

两表关联操作是一种基础的数据库操作,数据库中的两表关系有"1∶1 关系""1∶N 关系""N∶M 关系"。Django 使用 ForeignKey 提供了两表的 1∶1 和 1∶N 关联。在执行关联表数据删除时,Django 提供了 CASCADE、PROJECT、SET_NULL、SET_DEFAULT、SET、DO_NOTHING 几种模式。通过 Shell 交互式命令方式快速掌握有外键数据表的删除操作。通过本任务的训练,掌握有关联关系的模型定义及相关删除操作。

删除有外键的数据

任务目标

掌握有外键关联关系的模型类的创建方法。

能巩固数据迁移操作。

能对有关联关系的数据执行删除操作。

任务实施

1. 编写模型类 PersonInfo 和 Vocation

在 konkfuzhi 项目的 books 模块下,在 models.py 文件中添加 PersonInfo 模型类和 Vocation 模型类。

PersonInfo 模型类的代码如下。

```
1   # 个人信息模型类
2   class PersonInfo(models.Model):
3       id = models.AutoField(primary_key = True)           # 主键
4       name = models.CharField(max_length = 20)            # 姓名
5       age = models.IntegerField()                          # 年龄
6       hireDate = models.DateField()                        # 入职日期
7       def __str__(self):
8           return str([self.name, self.age, self.hireDate])
9       class Meta:
10          verbose_name = '人员信息'
```

Vocation 模型类的代码如下。

```
1   # 职业信息模型类
2   class Vocation(models.Model):
3       id = models.AutoField(primary_key = True)                   # 主键
4       job = models.CharField(max_length = 20)                     # 工作岗位
5       title = models.CharField(max_length = 20)                   # 工作名称
6       payment = models.IntegerField(null = True, blank = True)    # 工资
7       name = models.ForeignKey(PersonInfo, on_delete = models.CASCADE,
        related_name = 'ps')                                        # 外键,关联个人信息模型
8       def __str__(self):
9           return str([self.id, self.job, self.title, self.payment, self.name])
10      class Meta:
11          verbose_name = '职业信息'
```

其中 on_delete＝models.CASCADE 表示级联删除,即主表中数据删除后,子表中的数据同步删除;related_name＝'ps'表示关联的名字为 ps。除 CASCADE 模式外,还有其他几种删除模式,说明如下。

PROJECT 模式,如果删除的数据设有外键字段,并且关联其他数据表的数据,就提

58

示删除数据失败。

SET_NULL 模式,执行数据删除并把其他数据表的外键字段设置为 Null,外键字段必须将属性 Null 设置为 True,否则提示异常。

SET_DEFAULT 模式,执行数据删除,并把其他数据表的外键设置为默认值。

SET 模式,执行数据删除并把其他数据表的外键字段关联其他数据。

DO_NOTHING 模式,不做任何处理,删除结果由数据库的删除模式决定。

2. 执行数据迁移

在 PyCharm 集成开发环境的终端命令行窗口执行以下命令。

```
python manage.py makemigrations
python manage.py migrate
```

执行以上命令后,会在数据库新添加 books_peroninfo 和 books_vocation 两张表。

3. 添加测试数据

在 PyCharm 集成开发环境的终端命令行窗口执行"python manage.py shell"命令,进入 Shell 交互式命令窗口。在 Shell 交互式命令窗口执行以下语句,为 PersonInfo 模型类对象添加测试数据。

```
1  python manage.py makemigrations
2  from books.models import PersonInfo,Vocation
3  p = PersonInfo(name = "张三",age = 20,hireDate = "2021 - 10 - 10")
4  r = p.save()
```

在 Shell 交互式命令窗口执行以下语句,为 Vocation 模型类对象添加测试数据。

```
1  python manage.py makemigrations
2  from books.models import PersonInfo,Vocation
3  p = PersonInfo.objects.get(id = 1)
4  v = Vocation(job = "软件研发",title = "Java 工程师",payment = 15000,name = p)
5  v.save()
```

对以上语句中部分语句的作用说明如下。

第 3 条语句,查出 id＝1 的 PersonInfo 模型对象。

第 4 条语句,实例化 Vocation 模型对象,name 的值为 PersonInfo 的对象 p。

4. 删除模型 PersonInfo 中的数据

在 PyCharm 集成开发环境的终端命令行窗口执行以下命令。

```
python manage.py makemigrations
PersonInfo.objects.get(id = 1).delete()
```

命令执行结果如下。

```
(2, {'books.Vocation': 1, 'books.PersonInfo': 1})
```

2 表示删除两条记录，其中 Vocation 中 1 条，PersonInfo 中 1 条。

任务 2.18 查询数据操作 |

任务描述

无论是数据库学习，还是 Web 应用程序开发，在 CRUD（create、retrieve、update、delete，创建、检索、更新、删除）中数据查询都是最重要、最核心、最复杂的操作。通过 Shell 交互式命令快速掌握 Django 查询数据的方式。通过本任务的训练，掌握 Django 中主流的数据查询技能。

任务目标

能使用 all() 方法进行查询。
能使用 get() 方法进行查询。
能使用 values() 方法进行查询。
能使用 values_list() 方法进行查询。
能使用 filter() 方法进行查询。
能使用"filter()＋Q()"方法进行查询。
能使用 exclude() 方法进行查询。
能使用 count() 方法进行查询。
能使用 distinct() 方法进行查询。
能使用 order_by() 方法进行查询。

查询数据操作

任务实施

1. 准备测试数据

使用以下 SQL 语句为表 books_personinfo 添加数据。

```
INSERT INTO `books_personinfo` VALUES (1, '张三', 22, '2001－09－19');
INSERT INTO `books_personinfo` VALUES (2, '李四', 22, '2001－08－06');
INSERT INTO `books_personinfo` VALUES (3, '王五', 23, '2000－10－16');
INSERT INTO `books_personinfo` VALUES (4, '赵六', 23, '2000－12－12');
INSERT INTO `books_personinfo` VALUES (5, '田七', 22, '2001－01－01');
```

使用以下 SQL 语句为表 books_vocation 添加数据。

```
INSERT INTO `books_vocation` VALUES (1, '软件开发', 'Java 开发工程师', 15000, 2);
INSERT INTO `books_vocation` VALUES (2, '文员', '总经理秘书', 6000, 1);
INSERT INTO `books_vocation` VALUES (3, '前端开发', 'UI 设计师', 8000, 4);
INSERT INTO `books_vocation` VALUES (4, '需求分析', '需求分析师', 10000, 5);
INSERT INTO `books_vocation` VALUES (5, '项目管理', '项目经理', 20000, 3);
INSERT INTO `books_vocation` VALUES (6, '文员', '办公室秘书', 7000, 4);
```

2. 使用 all()方法查询数据

在 PyCharm 集成开发环境的终端命令行窗口,执行 python manage. py shell 命令,进入 Shell 交互式命令窗口。在 Shell 交互式命令窗口执行以下语句,查询表 books_vocation 中的所有数据。

```
1  from books.models import PersonInfo,Vocation
2  v = Vocation.objects.all()
3  v
```

对以上语句中部分语句的作用说明如下。

第 2 条语句,查询所有数据。

第 3 条语句,输出查询到的结果。

3. 使用 all()方法＋切片方法查询数据

在 Shell 交互式命令窗口执行以下语句,查询表 books_vocation 中的前 3 条数据。

```
1  from books.models import Vocation
2  v = Vocation.objects.all()[:3]
3  v
```

以上第 2 条语句使用了列表截取,[:3]截取下标 0 至下标 3 的记录,但不包括下标为 3 的记录。

4. 使用 values()方法查询数据

在 Shell 交互式命令窗口执行以下语句,查询表 books_vocation 中 job 字段的所有数据。

```
1  from books.models import Vocation
2  v = Vocation.objects.values('job')
3  v
```

5. 使用 values_list()方法查询数据

在 Shell 交互式命令窗口执行以下语句,查询表 books_vocation 中 job 字段的数据,并以列表形式返回数据。

```
1  from books.models import Vocation
2  v = Vocation.objects.values_list('job')
```

61

```
3   v = Vocation.objects.values_list('job')[:3]
4   v
```

第 3 句,取查询记录的前 3 条记录。

6. 使用 get()方法查询数据

在 Shell 交互式命令窗口执行以下语句,查询表 books_vocation 中 id＝5 的数据。

```
1   from books.models import Vocation
2   v = Vocation.objects.get(id = 5)
3   v
```

输出结果如下。

```
< Vocation: [5, '软件工程师', 'Java 开发', 15000, < PersonInfo: ['张三', 20, datetime.date
(2021, 9, 18)]>]>
```

7. 使用 filter()方法查询数据

在 Shell 交互式命令窗口执行以下语句,查询表 books_vocation 中 id＝5 的数据。

```
1   from books.models import Vocation
2   v = Vocation.objects.filter(id = 5)
3   v
```

输出结果如下。

```
< QuerySet [< Vocation: [5, '软件工程师', 'Java 开发', 15000, < PersonInfo: ['张三', 20,
datetime.date(2021, 9, 18)]>]>]>
```

注意 get()和 filter()的区别:get()查询的是单个 Vocation 对象;而 filter()查询的是 Vocation 对象的集合,是一个 QuerySet。

8. filter()方法中使用多条件查询

在 Shell 交互式命令窗口执行以下语句,查询表 books_vocation 中符合 job 字段的值为“软件工程师”且 payment≥15000 的数据。

```
1   from books.models import Vocation
2   v = Vocation.objects.filter(job = '软件工程师',payment = 15000)
3   v
```

9. filter()方法中使用字典参数查询数据

在 Shell 交互式命令窗口执行以下语句,查询表 books_vocation 中符合 job 字段的值为“软件工程师”且 payment≥15000 的数据。

```
1  from books.models import Vocation
2  d = {"job":"软件工程师","payment":15000}
3  v = Vocation.objects.filter( ** d)
4  v
5  d = dict(job = "软件工程师",payment = 15000)
6  v = Vocation.objects.filter( ** d)
7  v
```

对以上语句中部分语句的作用说明如下。

第 2 条语句,定义字典。

第 5 条语句,字典的另一种使用方式。

10. 使用 filter()+Q()方法实现逻辑或查询数据

在 Shell 交互式命令窗口执行以下语句,查询表 books_vocation 中符合 job 字段的值为"软件工程师"或者为"项目经理"的数据。

```
1  from django.db.models import Q
2  from books.models import Vocation
3  v = Vocation.objects.filter(Q(job = '软件工程师')|Q(job = '项目经理'))
4  v
```

以上第 3 条语句中 Q()与 Q()之间用"|"进行分隔,表示逻辑或的关系。

11. 使用"~"实现不等于查询数据

在 Shell 交互式命令窗口执行以下语句,查询表 books_vocation 中 job 字段的值不为"软件工程师"的数据。

```
1  from django.db.models import Q
2  from books.models import Vocation
3  v = Vocation.objects.filter(~Q(job = '软件工程师'))
4  v
```

12. 使用 exclude()方法查询数据

在 Shell 交互式命令窗口执行以下语句,查询表 books_vocation 中 job 字段的值不为"软件工程师"的数据。

```
1  from books.models import Vocation
2  v = Vocation.objects.exclude(job = '软件工程师')
3  v
```

上面步骤 11 和步骤 12 实现的功能是相同的。

13. 使用 count()方法查询数据

在 Shell 交互式命令窗口执行以下语句,查询表 books_vocation 中的记录总数。

63

```
1  from books.models import Vocation
2  v = Vocation.objects.all().count()
3  v
```

14. 使用 distinct() 方法查询数据

在 Shell 交互式命令窗口执行以下语句。在执行这些语句前,要确保 books_vocation 表中至少有两条记录的 job 字段的值为"网站设计师"。

```
1  from books.models import Vocation
2  v = Vocation.objects.values('job').filter(job = '网站设计师')
3  v
4  v = Vocation.objects.values('job').filter(job = '网站设计师').distinct()
5  v
```

对以上语句中部分语句的作用说明如下。

第 2 条语句,查询 job 字段中值为"网站设计师"的记录,包括重复记录。

第 4 条语句,查询 job 字段中值为"网站设计师"的记录,但不包括重复记录。

15. 使用 order_by() 方法查询数据

在 Shell 交互式命令窗口执行以下语句,按关键字 id 进行排序。

```
1  from books.models import Vocation
2  v = Vocation.objects.all().order_by('id')
3  v
4  v = Vocation.objects.all().order_by(' - id')
5  v
```

对以上语句中部分语句的作用说明如下。

第 2 条语句,按照字段 id 进行升序排列。

第 4 条语句,按照字段 id 进行降序排列。

*任务 2.19   查询数据操作 Ⅱ

任务描述

求和、求平均值等聚合查询,是 Web 应用中数据查询的一项基本需求,Django 提供了相关的聚合查询函数。通过 Shell 命令行交互方式可以快速掌握这些聚合查询函数的使用方法。通过本任务的训练,掌握 annotate()、aggregate()、sum()、count() 函数的使用方法。

聚合查询

任务目标

掌握 annotate( )和 sum( )的使用方法。

掌握 annotate( )和 count( )的使用方法。

掌握 aggregate( )和 count( )的使用方法。

了解 intersection( )函数的使用方法。

了解 difference( )函数的使用方法。

了解 union( )函数的使用方法。

任务实施

1. 使用 annotate( )和 sum( )查询数据

在 Shell 交互式命令窗口执行以下语句,进行求和操作。

```
1  from django.db.models import Sum
2  from books.models import Vocation
3  v = Vocation.objects.values('job').annotate(Sum('payment'))
4  v
5  print(v.query)
```

对以上语句中部分语句的作用说明如下。

第 3 条语句,对 job 进行分组(如果没有 values 则默认以 id 进行分组),然后计算每个分组中的工资总和。

第 5 条语句,输出对应的 SQL 语句。

```
SELECT 'books_vocation'.'job', SUM('books_vocation'.'payment') AS 'payment__sum' FROM 'books_vocation' GROUP BY 'books_vocation'.'job' ORDER BY NULL
```

2. 使用 aggregate( )或 annotate( )＋count( )查询数据

在 Shell 交互式命令窗口执行以下语句,进行求和操作。

```
1  from django.db.models import Count
2  from books.models import Vocation
3  v = Vocation.objects.values('job').annotate(job_count = Count('job'))
4  v
5  print(v.query)
6  v = Vocation.objects.aggregate(job_count = Count('job'))
7  v
```

对以上语句中部分语句的作用说明如下。

第 3 条语句,进行分组统计。

第 5 条语句,输出对应的 SQL 语句:

```
SELECT 'books_vocation'.'job', COUNT('books_vocation'.'job') AS 'job_count' FROM 'books_
vocation' GROUP BY 'books_vocation'.'job' ORDER BY NULL
```

第 6 条语句,使用 aggregate()计算某个字段的值并返回计算结果,返回值是一个字典。

```
{'job_count': 6}
```

3. 使用 union()方法查询数据

在 Shell 交互式命令窗口执行以下语句,进行 union()方法的操作。

```
1  from django.db.models import Count
2  from books.models import Vocation
3  v1 = Vocation.objects.filter(payment__gt = 9000)
4  v1
5  v2 = Vocation.objects.filter(payment__gt = 5000)
6  v2
7  v1.union(v2)
```

对以上语句中部分语句的作用说明如下。

第 3 条语句,查询工资大于 9000 的记录。

第 5 条语句,查询工资大于 5000 的记录。

第 7 条语句,v1 和 v2 记录的合并。

注意:使用 union()方法操作时,v1 和 v2 返回结果的字段必须完全相同;union()操作默认只选择不同的记录,要允许重复的记录,需使用 all=True 参数。

4. 使用 intersection()方法查询数据

在 Shell 交互式命令窗口执行以下语句,进行 intersection()操作。

```
1  from django.db.models import Count
2  from books.models import Vocation
3  v1 = Vocation.objects.filter(payment__gt = 9000)
4  v1
5  v2 = Vocation.objects.filter(payment__gt = 5000)
6  v2
7  v1.intersection(v2)
```

因为 intersection()操作并不适用于 MySQL 数据库,所以会出现以下异常信息。

```
django.db.utils.NotSupportedError: intersection is not supported on this database backend.
```

如需要深入学习 intersection()的相关知识,可查阅 Django 官方文档。

5. 使用 difference()方法查询数据

在 Shell 交互式命令窗口执行以下语句,进行 difference()操作。

```
1  from django.db.models import Count
2  from books.models import Vocation
3  v1 = Vocation.objects.filter(payment__gt = 9000)
4  v1
5  v2 = Vocation.objects.filter(payment__gt = 5000)
6  v2
7  v1.difference(v2)
```

因为 difference()操作也不适用于 MySQL 数据库,所以也会出现以下异常信息。

```
django.db.utils.NotSupportedError: difference is not supported on this database backend.
```

*任务 2.20　查询数据操作 Ⅲ

任务描述

Django 在执行数据查询时,为 filter()方法提供了非常丰富的条件匹配符,通过正确使用这些条件匹配符,可以执行各种复杂的查询。通过本任务的训练,熟练掌握各种查询条件匹配符的正确使用方法,为处理真实业务需求中的复杂查询奠定坚实基础。

查询条件匹配符的使用

任务目标

掌握常用查询条件匹配符的使用方法。
能熟练使用 get()和 filter()进行查询。

任务实施

根据表 2-2 所列条件匹配符的使用说明,编写代码进行实践,具体代码略。

表 2-2　条件匹配符的使用及说明

条件匹配符	使用(以 filter()为例,get()类似)	说　明
__exact	filter(job__exact = '软件工程师')	精确等于,类似 SQL 的"LIKE '软件工程师'"
__iexact	filter(job__iexact = '软件工程师')	精确等于,忽略大小写(针对英文)
__contains	filter(job__contains = '软件工程师')	模糊匹配,类似 SQL 的"LIKE '% 软件工程师 %'"
__icontains	filter(job__icontains = '软件工程师')	模糊匹配,忽略大小写(针对英文)
__gt	filter(payment__gt = 5000)	大于
__gte	filter(payment__gte = 5000)	大于或等于
__lt	filter(payment__lt = 5000)	小于

续表

条件匹配符	使用(以 **filter()** 为例,**get()** 类似)	说　明
__lte	filter(payment__lte＝5000)	小于或等于
__in	filter(id__in＝[1,2,3])	判断是否在列表内
__startswith	filter(job__startswith＝'软件')	以"软件"打头
__istartswith	filter(job__istartswith＝'软件')	以"软件"打头,忽略大小写(针对英文)
__endswith	filter(job__endswith＝'工程师')	以"工程师"结尾
__iendswith	filter(job__iendswith＝'工程师')	以"工程师"结尾,忽略大小写(针对英文)
__range	filter(job__range＝'软件')	在"软件"范围内
__year	filter(date__year＝2021)	日期字段的年份
__month	filter(date__month＝12)	日期字段的月份
__day	filter(date__date＝30)	日期字段的天数
__isnull	filter(job__isnull＝True/False)	判断是否为空

get()和 filter()的差异:get()查询的字段必须是主键或者唯一约束的字段,并且查询的数据必须存在,如果查询的字段有重复值或者查询的数据不存在,程序会抛出异常信息;filter()对查询字段没有限制,只要该字段是数据表的某一字段即可,查询结果以列表形式返回,如果查询结果为空,就返回空列表。

*任务 2.21　查询数据操作Ⅳ

任务描述

数据库中的关联关系仅有 1:1 关联和 1:N 关联两种,现实世界中的 N:M 关联关系,在生成数据库表时会使用一个中间表把 N:M 关系拆分成两个 1:N 的关系。Django 在查询有关联关系的两表数据时,提供了正向查询、反向查询、select_related()查询等方式。通过本任务的训练,掌握两表关联查询的主要技能。

1:1 和 1:N 查询

任务目标

掌握正向查询方法(查询条件在查询对象中)。

掌握正向查询方法(查询条件不在查询对象中)。

掌握反向查询方法(查询条件在查询对象中)。

掌握反向查询方法(查询条件不在查询对象中)。

掌握 select_related()查询。

任务实施

数据库表之间的一对多(1:N)和一对一(1:1)的关系,都是通过外键来进行关联的,多表查询分为正向查询和反向查询两种方式。通过子表去查主表属于正向查询,如通过 books_vocation 去查 books_personinfo;通过主表去查子表属于反向查询,如通过 books_personinfo 去查 books_vocation。

1. 正向数据查询,查询条件在查询对象中

在 Shell 交互式命令窗口执行以下语句,通过子表 books_vocation 查询主表 books_personinfo。

```
1  from books.models import Vocation,PersonInfo
2  v = Vocation.objects.filter(id = 5).first()
3  v
4  v.name
5  v.name.hireDate
```

对以上语句中部分语句的作用说明如下。

第 2 条语句,在 books_vocation 表中查询 id 为 5 的第 1 条记录。

第 3 条语句,输出查询结果。

第 4 条语句,通过外键 name 查询模型 PersonInfo 对应的数据。

第 5 条语句,取关联表 personinfo 中对应的入职日期。

2. 反向数据查询,查询条件在查询对象中

在 Shell 交互式命令窗口执行以下语句,通过主表 books_personinfo 查询子表 books_vocation。

```
1  from books.models import Vocation,PersonInfo
2  p = PersonInfo.objects.filter(id = 3).first()
3  p
4  v = p.ps.first()
5  v
```

对以上语句中部分语句的作用说明如下。

第 2 条语句,查询表 books_personinfo 中 id 为 3 的第 1 条记录。

第 3 条语句,输出模型 PersonInfo 对象 p 的结果。

第 4 条语句,Vocation 模型中有外键字段 name,并且定义了参数 related_name 的值为 ps,所以可以通过 ps 去查询 Vocation 对象。

第 5 条语句,输出模型 Vocation 对象 v 的值。

如果模型中外键没有设置参数 related_name 的值,则采用以下方式进行查询(自行修改模型 Vocation 来完成此实践任务)。

在 Shell 交互式命令窗口执行以下语句,通过主表 books_personinfo 查询子表 books_vocation。

```
1  from books.models import Vocation, PersonInfo
2  p = PersonInfo.objects.filter(id = 3).first()
```

69

```
3    p
4    p.vocation_set.first()
5    v
```

vocation_set 中的 vocation 是模型 Vocation 的小写字母表示。

3. 正向数据查询，查询条件不在查询对象中

在 Shell 交互式命令窗口执行以下语句，通过主表 books_personinfo 查询子表 books_vocation。

```
1    from books.models import Vocation,PersonInfo
2    v = Vocation.objects.filter(name__name = '张三').first()
3    v.name
4    v.name.hireDate
```

对以上语句中部分语句的作用说明如下。

第 2 条语句，查询条件 name__name 中第 1 个 name 是模型 Vocation 中的外键名称 name，第 2 个 name 是模型 PersonInfo 中的字段 name，之间用双下画线连接。

第 3 条语句，通过外键 name 输入 PersonInfo 的对象。

第 4 条语句，输出 PersonInfo 对象中的 hireDate 字段值。

4. 反向数据查询，查询条件不在查询对象中

在 Shell 交互式命令窗口执行以下语句，通过主表 books_personinfo 查询子表 books_vocation。

```
1    from books.models import Vocation,PersonInfo
2    p = PersonInfo.objects.filter(ps__job = '软件工程师').first()
3    p
4    v = p.ps.first()
5    v
```

对以上语句中部分语句的作用说明如下。

第 2 条语句，查询条件 ps__job 中 ps 是模型 Vocation 中的外键 name 的参数 related_name 的值，而 job 是模型 Vocation 对象中的字段，中间用双下画线连接。

第 3 条语句，输出 PersonInfo 查询对象 p 的值。

第 4 条语句，模型类 Vocation 中有外键 name，其参数 related_name 的值为 ps，所以可能通过 ps 获取 Vocation 对象。

第 5 条语句，输出模型 Vocation 的对象 v 的值。

小结：正向查询和返回查询都需要查 2 次表。

5. 使用 select_related()查询数据

在 Shell 交互式命令窗口执行以下语句，通过主表 books_personinfo 查询子表 books_

vocation。

```
1  from books.models import Vocation,PersonInfo
2  p = PersonInfo.objects.select_related('ps').values('name','ps__payment')
3  p
4  print(p.query)
```

对以上语句中部分语句的作用说明如下。

第 2 条语句,使用 select_related()查询,参数 ps 为 Vocation 中外键 name 的参数 related_name 的值;values 中的第 1 个参数是表 personinfo 中的 name 字段,第 2 个参数 ps__payment 是表 vocation 中的 payment 字段(中间用双下画线连接)。

第 3 条语句,输出查询结果 p。

第 4 条语句,输出对应的 SQL 语句。

```
SELECT 'books_personinfo'.'name', 'books_vocation'.'payment' FROM
'books_personinfo' LEFT OUTER JOIN 'books_vocation' ON
('books_personinfo'.'id' = 'books_vocation'.'name_id')
```

通过 SQL 输出语句可以看出,当通过主表 books_personinfo 查询子表 books_vocation 时,select_related()查询是基于 LEFT OUTER JOIN 来实现的。

在 Shell 交互式命令窗口执行以下语句,通过子表 books_vocation 去查询主表 books_personinfo。

```
1  from books.models import Vocation,PersonInfo
2  v = Vocation.objects.select_related('name').values('name','name__age')
3  v
4  print(v.query)
```

对以上语句中部分语句的作用说明如下。

第 2 条语句,使用 select_related()查询,参数 name 为模型 Vocation 中定义的外键名称;values 中的第 1 个参数表 vocation 中的 name,第 2 个参数 name__age 中的 name 是 Vocation 中的外键,age 是 PersonInfo 中的字段,之间用双下画线连接。

第 3 条语句,输出对象 v 的值。

第 4 条语句,输出对应的 SQL 语句。

```
SELECT 'books_vocation'.'name_id', 'books_personinfo'.'age' FROM
'books_vocation' INNER JOIN 'books_personinfo' ON
('books_vocation'.'name_id' = 'books_personinfo'.'id')
```

从输出的 SQL 语句可以看出,当通过子表 books_vocation 查询主表 books_personinfo 时,select_related()查询是基于 INNER JOIN 来实现的。

在 Shell 交互式命令窗口执行以下语句,查询两个模型的数据。

```
1  from books.models import Vocation,PersonInfo
2  v = Vocation.objects.select_related('name').filter(payment__gt = 8000)
3  v
4  print(v.query)
```

对以上语句中部分语句的作用说明如下。

第 2 条语句,以 payment 大于 8000 为条件,查询两表的数据。

第 3 条语句,输出查询结果。

第 4 条语句,输出对应的 SQL 语句如下。

```
SELECT 'books_vocation'.'id', 'books_vocation'.'job',
'books_vocation'.'title', 'books_vocation'.'payment',
'books_vocation'.'name_id', 'books_personinfo'.'id',
'books_personinfo'.'name', 'books_personinfo'.'age',
'books_personinfo'.'hireDate' FROM 'books_vocation' INNER JOIN
'books_personinfo' ON ('books_vocation'.'name_id' =
'books_personinfo'.'id') WHERE 'books_vocation'.'payment' > 8000
```

*任务 2.22　查询数据操作 Ⅴ

任务描述

现实业务需求中也往往存在三表关联关系,即 A 表关联 B 表,而 B 表又关联 C 表,形成多表关联关系,A 与 B 之间是 1∶N 关系,B 与 C 之间也是 1∶N 关系。Django 针对这种情况也提供了相关的查询支持。通过本任务的训练,掌握"select_related()＋外键"的三表关联查询技能。

三表关联查询

任务目标

能创建模型类 Person、City 和 Province。

能进行数据迁移。

能通过"select_related()＋外键"进行三表关联查询。

任务实施

1. 定义相关模型类

要定义 3 个模型类:Person(人)、City(城市)、Province(省份)。Peron 通过外键 living 关联 City,形成 N∶1 的关系。City 通过外键 province 关联 Province,形成 N∶1 的关系。模型类 Person、City 和 Province,定义在 kongfuzi 项目的 books 包中的 models. py 文件中,其代码如下。

```
1  # 省份模型类
2  class Province(models.Model):
3      id = models.AutoField(primary_key = True)        # 主键
4      name = models.CharField(max_length = 20)         # 省份名称
```

```
 5    def __str__(self):
 6       return str([self.id, self.name])
 7    class Meta:
 8       verbose_name = '省份信息'
 9  #城市模型类
10  class City(models.Model):
11    id = models.AutoField(primary_key = True)        #主键
12    name = models.CharField(max_length = 20)         #城市名称
13    province = models.ForeignKey(Province, on_delete = models.CASCADE)
      #外键,关联 Province,注意此处没给 related_name 参数赋值
14    def __str__(self):
15       return str([self.id, self.name, self.province])
16    class Meta:
17       verbose_name = '城市信息'
18  #个人信息模型类
19  class Person(models.Model):
20    id = models.AutoField(primary_key = True)        #主键
21    name = models.CharField(max_length = 20)         #人名
22    living = models.ForeignKey(City, on_delete = models.CASCADE)
23    def __str__(self):
24       return str([self.id, self.name, self.living])
25    class Meta:
26       verbose_name = '个人信息'
```

2. 执行数据迁移

在 PyCharm 集成开发环境的终端命令行窗口执行以下两条命令。

```
python manage.py makemigrations
python manage.py migrate
```

数据库 kongfuzi 中又增加了 3 张表,分别是 books_person、books_city 和 books_province。

3. 添加测试数据

使用以下 SQL 语句为表 books_province 添加数据。

```
INSERT INTO 'books_province' VALUES (1, '四川省');
INSERT INTO 'books_province' VALUES (2, '广东省');
INSERT INTO 'books_province' VALUES (3, '湖北省');
INSERT INTO 'books_province' VALUES (4, '贵州省');
INSERT INTO 'books_province' VALUES (5, '河北省');
```

使用以下 SQL 语句为表 books_person 添加数据。

```
INSERT INTO 'books_person' VALUES (1, '张三', 1);
INSERT INTO 'books_person' VALUES (2, '李四', 2);
INSERT INTO 'books_person' VALUES (3, '王五', 3);
INSERT INTO 'books_person' VALUES (4, '赵六', 4);
INSERT INTO 'books_person' VALUES (5, '田七', 5);
INSERT INTO 'books_person' VALUES (6, '宋八', 6);
```

使用以下 SQL 语句为表 books_city 添加数据。

```
INSERT INTO 'books_city' VALUES (1, '泸州', 1);
INSERT INTO 'books_city' VALUES (2, '宜宾', 1);
INSERT INTO 'books_city' VALUES (3, '广州', 2);
INSERT INTO 'books_city' VALUES (4, '东莞', 2);
INSERT INTO 'books_city' VALUES (5, '武汉', 3);
INSERT INTO 'books_city' VALUES (6, '武昌', 3);
INSERT INTO 'books_city' VALUES (7, '贵阳', 4);
INSERT INTO 'books_city' VALUES (8, '铜仁', 4);
INSERT INTO 'books_city' VALUES (9, '石家庄', 5);
```

4. 执行三表关联查询

在 Shell 交互式命令窗口执行以下语句,进行三表关联查询。

```
1  from books.models import Person, City, Province
2  p = Person.objects.select_related('living__province').get(name = '张三')
3  p
4  p.living
5  p.living.province
6  p = Person.objects.select_related('living__province').values
   ('name','living__name','living__province__name').get(name = '张三')
7  p
```

对以上语句中部分语句的作用说明如下。

第 2 条语句,select_related 参数 living__province 中的 living 是 Person 中的外键,关联 Person 和 City; 而 province 是 City 中的外键,关联 City 和 Province。

第 3 条语句,输出 Person 的完整信息。

第 4 条语句,输出 living 的信息。

第 5 条语句,输出 Province 的信息。

第 6、第 7 条语句,获取张三的姓名、城市和省份,这 3 个数据分属于 3 张不同的表。在 values 中第 1 个参数 name 取 Person 中的 name,第 2 个参数 living__name 取 City 中的 name,第 3 个参数 living__province__name 取 Province 中的 name。

*任务 2.23 查询数据操作Ⅵ

任务描述

Django 框架中的 ManyToManyField 提供了对现实世界多对多关系的支持,ManyToManyField 字段可以定义在有多对多关系的两个模型中的任意一个。当执行数据迁移时,会额外多生成一张中间表,使现实世界的多对多关联转换成数据库中的两个一对多关联关系。通过本任务的训练,掌握多对多模型类的定义方法,能使用 prefetch_ related()进行多对多关联查询。

任务目标

掌握多对多模型的定义方法。

能进行数据迁移。

能进行多对多数据表的查询。

任务实施

1. 定义相关模型类

模型 Performer(演员)和 Program(节目)之间是多对多关系。模型类 Performer 和 Program,定义在 kongfuzi 项目的 books 包下的 models.py 文件中。

```
1   #演员模型
2   class Performer(models.Model):
3     id = models.AutoField(primary_key = True)
4     name = models.CharField(max_length = 20)          #姓名
5     nationality = models.CharField(max_length = 20)   #国籍
6     def __str__(self):
7       return str([self.id, self.name, self.nationality])
8     class Meta:
9       verbose_name = '演员信息'
10  #节目模型
11  class Program(models.Model):
12    id = models.AutoField(primary_key = True)
13    name = models.CharField(max_length = 20)          #节目名称
14    performer = models.ManyToManyField(Performer)     #外键,多对多关联
15    def __str__(self):
16      return str([self.id, self.name, self.performer])
17    class Meta:
18      verbose_name = '节目信息'
```

2. 执行数据迁移

在 PyCharm 集成开发环境的终端命令行窗口执行以下命令。

```
python manage.py makemigrations
python manage.py migrate
```

最终在数据库 kongfuzi 中生成了 3 张表,即 books_performer、books_program 和中间表 books_program_perfomer。

3. 添加测试数据

需在 books_performer、books_program 和 books_program_perfomer 表中添加如

75

图 2-7 所示测试数据。

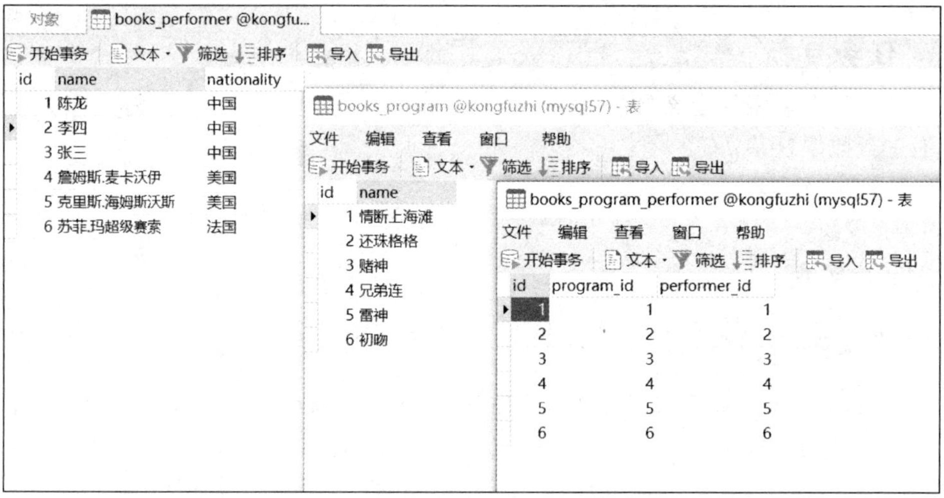

图 2-7 books_performer、books_program、books_program_performer 测试数据

使用 Shell 命令添加测试数据。

首先，执行以下语句，引入相关模型类。

```
from books.models import *
```

然后，执行以下语句，为表 books_performer 添加测试数据。

```
p1 = Performer(name = '张三', nationnality = '中国')
p1.save()
```

然后，执行以下语句，为表 books_program 添加测试数据。

```
p2 = Program(name = '情断上海滩')
p2.save()
```

最后，执行以下语句，为中间表 books_program_performer 添加测试数据。

```
p2.performer.add(p1)
```

4. 执行多对多查询

在 PyCharm 集成开发环境的终端命令行窗口，执行 python manage. py shell 命令，进入 Shell 交互式命令窗口。在 Shell 交互式命令窗口执行以下语句，进行多对多关联查询。

```
1   from books.models import Program, Performer
2   p = Program.objects.prefetch_related('performer').filter(name = '赌神').first()
3   p.performer.all()
```

根据节目查询演员,输出结果如下。

```
< QuerySet [< Performer: [3, '张三', '中国']>]
```

在 Shell 交互式命令窗口执行以下语句,进行多对多关联查询。

```
1  from books.models import Program,Performer
2  p = Program.objects.prefetch_related('performer').filter
   (performer__name = '李四').first()
3  p
```

根据人查询节目,输出结果如下。

```
< Program: [2, '还珠格格',
< django.db.models.fields.related_descriptors.create_forward_many_to_many_manager.
< locals >.ManyRelatedManager object at 0x000001FFA41D3AC0 >]>
```

做一对多查询时,用 prefetch_related 和 select_related 均可实现,但用 select_related 效率更高些。

*任务 2.24　查询数据操作Ⅶ

任务描述

Django 虽然提供了众多的数据查询 API(application programming interface,应用程序编程接口),但面对复杂的真实需求,在某些情况下这些 API 可能达不到用户的查询要求。因此,Django 还提供了 3 种原生 SQL 的查询方式,以满足这些特殊情况下的需求。通过本任务的训练,掌握 extra()、raw()、execute()三种查询技能。

原生 SQL 查询

任务目标

掌握 extra()的查询方式。
掌握 raw()的查询方式。
掌握 execute()的查询方式。

任务实施

1. 使用 extra()查询数据

extra()查询适用于 ORM(object relational mapping,对象关系映射)难以实现的查询场景,相关参数如表 2-3 所列。extra()查询依靠模型对象,不能完全摆脱模型对象的约束。

表 2-3　extra()的参数

参数名称	含　义
select	【可选项】添加新的查询字段,即新增并定义模型之外的字段
where	【可选项】
params	【可选项】如果 where 设置了字符串格式%s,那么该参数为 where 提供数值
tables	【可选项】连接其他数据表,实现多表查询
order_by	【可选项】设置数据的排序方式
select_params	【可选项】如果 select 设置了字符串格式%s,那么该参数为 select 提供数值

在 Shell 交互式命令窗口执行以下语句,查询 Vocation 相关数据。

```
1  from books.models import Vocation
2  v = Vocation.objects.extra(where = ["job = % s"],params = ['网站设计师']).first()
3  v
```

where 和 params 的参数均是列表,可以提供多个值,注意前后要一一对应。如果 where 中没有%s,则不需要 params 参数,输出结果如下。

```
< Vocation: [7, '网站设计师', '前端开发', 8000, < PersonInfo: ['王五', 23, datetime.date
(2022, 6, 15)]>]>
```

在 Shell 交互式命令窗口执行以下语句,查询 Vocation 相关数据。

```
1  from books.models import Vocation
2  v = Vocation.objects.extra(select = {"seat":"% s"},select_params = ['setInfo'])
3  print(v.query)
4  v.first()
```

对以上语句中部分语句的作用说明如下。

第 2 条语句,添加模型外的查询字段 seat,其值为 setInfo;select 参数使用字典,select_parmas 使用列表,列表中的值要与 select 中的%s 一一对应。如果 select 中没有%s,则不需要 select_params。

第 3 条语句,输出对应的 SQL 查询语句,输出结果如下。

```
SELECT (setInfo) AS 'seat', 'books_vocation'.'id', 'books_vocation'.'job',
'books_vocation'.'title', 'books_vocation'.'payment',
'books_vocation'.'name_id' FROM 'books_vocation'
```

第 4 条语句,输出第 1 条记录,结果如下。

```
< Vocation: [5, '软件工程师', 'Java 开发', 15000, < PersonInfo: ['张三', 20, datetime.date
(2021, 9, 18)]>]>
```

在 Shell 交互式命令窗口执行以下语句,查询 Vocation 相关数据。

```
1  from books.models import Vocation
2  v = Vocation.objects.extra(tables = ['books_personinfo'])
3  print(v.query)
4  v.first()
```

对以上语句中部分语句的作用说明如下。

第 2 条语句,连接表 books_personinfo。

第 3 条语句,输出对应的 SQL 语句,结果如下。

```
SELECT 'books_vocation'.'id', 'books_vocation'.'job', 'books_vocation'.'title', 'books_
vocation'.'payment', 'books_vocation'.'name_id' FROM 'books_vocation', 'books_personinfo'
```

从 SQL 中可以看出,books_vocation 与 books_personinfo 使用的是交叉连接(笛卡儿积)。交叉连接返回左表中的所有行,左表中的每一行与右表中的所有行组合。

第 4 条语句,输出第 1 条记录,结果如下。

```
<Vocation: [5, '软件工程师', 'Java 开发', 15000, <PersonInfo: ['张三', 20, datetime.date
(2021, 9, 18)]>]>
```

2. 使用 raw()查询数据

raw()查询仍依靠模型对象,不能完全摆脱模型对象的约束,相关参数如表 2-4 所示。

表 2-4 raw()的参数

参数名称	含　义
raw_query	【必选项】SQL 语句
params	【可选项】如果 raw_query 设置了字符串格式％s,那么该参数为 raw_query 提供数值
translations	【可选项】为查询的字段设置别名
using	【可选项】数据库对象,即 Django 所连接的数据库

在 Shell 交互式命令窗口执行以下语句,查询 Vocation 相关数据。

```
1  from books.models import Vocation
2  v = Vocation.objects.raw('select * from books_vocation')
3  v[0]
```

对以上语句中部分语句的作用说明如下。

第 2 条语句,使用 raw()查询。

第 3 条语句,输出第 1 条记录。

在 Shell 交互式命令窗口执行以下语句,查询 Vacation 相关数据,与上面不同之处是使用了条件。

```
1  from books.models import Vocation
2  v = Vocation.objects.raw('select * from books_vocation v where v.name_id
   in(select id from books_personinfo)')
3  v[0]
```

输出结果如下。

```
<Vocation: [5, '软件工程师', 'Java 开发', 15000, <PersonInfo: ['张三', 20, datetime.date
(2021, 9, 18)]>]>
```

3. 使用 execute( )查询数据

execute( )查询绕开了 Django 框架,但可能面临 SQL 注入入侵。在 Shell 交互式命令窗口执行以下语句,查询相关数据。

```
1  from django.db import connection
2  cursor = connection.cursor()
3  cursor.execute('select * from books_vocation')
4  cursor.fetchone()
5  cursor.fetchall()
```

对以上语句的作用说明如下。

第 1 条语句,引入 connection。

第 2 条语句,调用 cursor( )函数。

第 3 条语句,执行 SQL 语句。

第 4 条语句,读取第 1 行数据。

第 5 条语句,读取所有数据。

任务 2.25　编写视图函数和配置路由

任务描述

视图函数,简称视图,是一个接受网络请求并返回网络响应的 Python 函数。此响应可以是网页的 HTML 内容、重定向、404 错误、XML(extensible markup language,可扩展标记语言)文档或图像等。通常将视图定义在一个名为 views.py 的文件中。通过本任务的训练,巩固定义视图函数和配置 URL 路由的技能。

视图函数编写和路由配置

任务目标

能准确定义 add_book 视图函数。

能掌握 HttpResponse 对象的使用。

能正确配置 add_book 的路由信息。

任务实施

1. 定义 add_book 视图函数

在 books 目录下的 views.py 文件中,定义以下视图函数。

```
1  from books.models import Book
```

```
2   from django.http import HttpResponse
3   # 添加书视图函数定义
4   def add_book(request):
5     book = {
6       "isbn":"9787519013288",
7       "name":"三国演义",
8       "author":"[明] 罗贯中",
9       'types':"四大名著",
10      "stock":0,
11      "likes":0,
12      "used":0.8,
13      "publishing_house":"中国文联出版社",
14      "version":"第 1 版",
15      "price":30.0,
16      "discount":18.0,
17      "publishing_date":"2016 - 04 - 01",
18      "created":"2022 - 04 - 24",
19      "img":'static/images/sgyy_face.jpg',
20      "details":'static/details/sgyy_content.jpg'
21      }
22    dic = {"isbn":book['isbn']}
23    # update_or_create 的第 2 个参数是查询条件,如果查询到对应的记录,则使用 defaults
       的数据进行修改,否则使用 defaults 的数据进行添加
24    b = Book.objects.update_or_create(defaults = book, ** dic)
25    if b[1]:
26      result = '添加成功'
27    else:
28      result = '修改成功'
29    html = "< h1 >" + result + "</ h1 >"
30    return HttpResponse(html)
```

add_book 视图函数以 request 对象作为参数,返回 HttpResponse 对象。添加 Book
模型对象时使用了 update_or_create()方法,以防止重复添加数据。

2. 配置 add_book 视图函数的路由信息

在 kongfuzi 目录的 urls.py 文件中,做以下 URL 配置。

```
1   from django.contrib import admin
2   from django.urls import path
3   from books.views import add_book
4   urlpatterns = [
5     path('admin/', admin.site.urls),
6     path('add_book/',add_book,name = 'add_book'),
7   ]
```

对以上语句中部分语句的作用说明如下。

第 3 条语句,从 books.views 中引入视图函数 add_book。

第 4 条语句,urlpatterns 是一个列表对象,其中每一项都是一个 path 函数定义的路由信息。

path 函数有以下 4 个参数。

第 1 个参数,**route** 参数,必选参数,定义的是映射的 URL 路径,即浏览器端访问时请求的路径。

第 2 个参数,**view** 参数,必选参数,是视图函数(如 add_book)或视图类的名称。

第 3 个参数,**name** 参数,可选参数,为 URL 取名,使 Django 项目可以在任意地方唯一引用这一名称,特别是在模板中。使用 name 的好处是,当修改了第 1 个参数 route 的值时,只要 name 的值没有改变(一般也不需要改变),则所有模板中引用的这一 name 都不需要改变。

第 4 个参数,**kwarge** 参数,可选参数,任意一个关键字参数,可以作为一个字典值传递给目标视图函数。

3. 测试 add_book 视图函数的功能

使用菜单操作或以下命令方式启动项目。

```
python manage. py runserver
```

在浏览器中输入 http://127.0.0.1:8000/add_book/并按 Enter 键,页面显示结果为"添加成功";再次访问该链接,页面显示结果为"添加失败"。第 2 次没有添加成功的原因是使用了 update_or_create()函数阻止了重复添加数据。add_book/为在 urls. py 中定义的路由名称。

实践过程中,应注意仔细观察控制台输出的信息,以及数据库表 books_book 中数据的变化。

注意:实际应用中,编码时并不知道 book 对象中的数据是什么,一般通过模板页面的表单提供数据,然后由视图函数接收数据并保存到数据库中。

*任务 2.26 通过视图函数查询 Book 数据

任务描述

在 MVT 框架中,T 是模板,通常由 Django 的模板标签和 HTML 标签共同负责内容显示,由 CSS 负责样式控制,由 Java Script 负责交互;模板中显示的数据来自视图 V(包括视图函数和视图类),视图主要负责从数据库获取数据并反馈给模板页面,或从模板页面获取数据并保存到数据库,Django 中的 URL 路由负责把 T 和 V 关联起来。通过本任务的训练,可以强化编写视图函数、配置 URL 路由和编写模板页面等技能。

通过视图函数查询 Book 数据

任务目标

能准确定义 find_book 视图函数。

能正确使用 render() 函数。

能熟练配置 find_book 的路由信息。

能正确编写 index.html 模板页面。

任务实施

1. 定义 find_book 视图函数

定义 find_book 视图函数,其代码如下。

```
1   def find_book(request):
2       books = Book.objects.all()
3       print(books)
4       return render(request,'index.html',context = {"books":books})
```

对以上语句中部分语句的作用说明如下。

第 2 条语句,使用 all() 查询所有的书籍。

第 4 条语句,通过 render() 函数返回视图函数的结果。render() 函数的第 1 个参数是 request 对象;第 2 个参数是模板文件名称(一个在 templates 目录下的 HTML 文件,用于接收并显示视图函数返回的结果);第 3 个参数 context 是向模板页面返回的数据,使用字典结构。

2. 配置 find_book 视图函数的路由信息

配置 find_book 的路由信息的代码如下。

```
1   from django.contrib import admin
2   from django.urls import path
3   from books.views import add_book,find_book
4   urlpatterns = [
5       path('admin/', admin.site.urls),
6       path('add_book/',add_book,name = 'add_book'),
7       path('find_book/',find_book,name = "find_book"),
8   ]
```

对以上语句中部分语句的作用说明如下。

第 3 条语句,从 books.views 包引入视图函数 find_book。如果引入的视图函数或视图类很多,可以使用通配符"＊"代替,不用写出每个视图函数或视图类的名称。

第 7 条语句,route 为 find_book/,view 为 find_book,name 为 find_book。

3. 编写 index.html 模板页面

在 templates 模板目录下新建一个 HTML5 文件 index.html，并输入以下内容。

```
1   <!DOCTYPE html>
2   <html lang = "en">
3     <head>
4       <meta charset = "UTF-8">
5       <title>孔夫子旧书网址</title>
6       <style>
7        table{
8          border-collapse: collapse;
9          margin:0px auto;
10        }
11        table,td,th{ border:1px solid black;}
12        caption{font-weight: bolder;font-size: 16pt;}
13        table :first-child tr{background-color: azure;color:red;}
14        tr{line-height: 30pt;}
15        table :first-child tr :last-child{width:100px;}
16      </style>
17    </head>
18    <body>
19      <table>
20        <tr>
21          <th>isbn</th>
22          <th>书名</th>
23          <th>作者</th>
24          <th>分类</th>
25          <th>库存量</th>
26          <th>收藏量</th>
27          <th>销售量</th>
28          <th>新旧程度</th>
29          <th>出版社</th>
30          <th>原价</th>
31          <th>折扣价</th>
32          <th>出版日期</th>
33          <th>上架时间</th>
34          <th>图片</th>
35          <th>详细介绍</th>
36        </tr>
37        <caption>书籍信息</caption>
38        {% for book in books %}
39          <tr>
40            <td>{{ book.isbn }}</td>
41            <td>{{ book.name }}</td>
42            <td>{{ book.author }}</td>
43            <td>{{ book.types }}</td>
```

```
44            <td>{{ book.stock }}</td>
45            <td>{{ book.like }}</td>
46            <td>{{ book.sold }}</td>
47            <td>{{ book.used }}</td>
48            <td>{{ book.publishing_house }}</td>
49            <td>{{ book.price }}</td>
50            <td>{{ book.discount }}</td>
51            <td>{{ book.publishing_date }}</td>
52            <td>{{ book.created }}</td>
53            <td>
54              <a href = "/static/{{ book.img }}">
55                <img src = "/static/{{ book.img }}"/>
56              </a>
57            </td>
58            <td>
59              <a href = "/{{ book.details }}">书籍介绍</a>
60            </td>
61          </tr>
62        { % endfor % }
63      </table>
64    </body>
65  </html>
```

其中,{% for book in books%} 和 {% endfor%} 使用了模板语言中的循环结构。{% %}是固定结构,for 是循环结构的开始关键字,endfor 是循环结构结束的关键字。books 是从视图函数 find_book 中传递到模板页面的变量,类型为 QuerySet,其中的每个元素都是 Book 的对象,通过循环遍历可以取出其中的每个 Book 对象包含的数据,book 保存每次循环的当前 Book 对象。{{}}用于取对象中包含的数据,如{{book. price}}为取对象 book 中的 price 字段的值。

4. 测试 find_book 视图函数的功能

启动 kongfuzi 项目,在浏览器中输入 http://127.0.0.1:8000/find_book/,测试查找图书功能。测试前,需在表 book_books 中至少添加一条记录。

*任务 2.27　使用 GET 和 POST 查询 Book 数据

任务描述

正确掌握 GET 请求和 POST 请求,需要对 HTTP 协议及 HTTP 的请求方式有初步的了解。通过本任务的训练,培养从 GET 请求和 POST 请求中获取数据的应用能力。HTTP 的请求方式有 8 种,但最常用的是 GET 请求和 POST 请求,需要掌握这两种主要的请求方式。

使用 GET 和 POST
查询 Book 数据

任务目标

了解 HTTP 的 8 种请求方式。

掌握从 GET 请求获取数据的方法。

掌握从 POST 请求获取数据的方法。

任务实施

1. HTTP 的 8 种请求方式

HTTP 是一种超文本传输协议,当浏览器向服务器发送请求时,会使用某种特定的请求方式。常用请求方式如表 2-5 所列。

表 2-5　HTTP 的请求方式

请求方式	描　　述
OPTIONS	返回服务器针对特定资源所支持的请求方法
GET	向指定资源发出请求,即访问网页
POST	向指定资源提交数据处理请求(提交表单、上传文件)
PUT	向指定资源位置上传数据内容
DELETE	请求服务器删除 request-URL 所标示的资源
HEAD	与 GET 请求类似,返回的响应中没有具体内容,用于获取报头
TRACE	回复和显示服务器收到的请求,用于测试和诊断
CONNECT	HTTP 1.1 协议中能够将连接改为管道方式的代理服务器

Django 收到 HTTP 请求后,会根据 HTTP 请求携带的请求参数以及请求信息来创建一个 WSGIRquest 对象(WSGIRquest 继承了 HttpRequest),并且作为视图函数的第 1 个参数,即视图函数中的 request 参数。该参数包含了用户所有的请求信息。

HttpRequest 对象包含的主要参数如下。

(1) COOKIE,用于获取客户端(浏览器)的 Cookie 信息,类型为字典,键值对都是字符串。

(2) FILES,django. http. request. QueryDict 对象,包含所有的文件上传信息。

(3) GET,获取 GET 请求的请求参数,也是 django. http. request. QueryDict 对象。

(4) POST,获取 POST 请求的请求参数,也是 django. http. request. QueryDict 对象。

(5) META,获取客户端(浏览器)请求的头信息,以字典形式存储,通过此信息可以防止一些初级的网络爬虫对数据的非法获取。

(6) method,获取当前的请求方式(GET、POST 等)。

(7) path,获取当前请求的路由地址。

(8) user,当启用了 Django 的 AuthenticationMiddleware 中间件组件才可用。获取内置数据模型 User 的对象,表示当前登录的用户。如果用户当前没有登录,那么 user 将设置为 django. contrib. models. AnonymouseUser 的一个实例。

HttpRequest 中定义了 31 个方法,在 WSGIRequest 中都可使用,主要方法如下。

(1) is_secure(),是否使用 HTTPS 协议。

(2) is_ajax(),是否使用了 Ajax(asynchronous Javascript and XML,异步 Javascript 与 XML)发送的 HTTP 请求。检测方法是判断请求头是否有 X-Requested-With: XMLHttpRequest,XMLHttpRequest 是发送 Ajax 请求需要创建的一个关键对象,该方法在 Django 4.0+ 中已废除。

(3) get_host(),获取服务器的域名,有端口时同时会加上端口号。

(4) get_full_path(),返回路由地址。如果是 GET 请求并包含请求参数,则同时返回请求参数。

(5) get_raw_uri(),获取完整的网址信息,将服务器的域名、端口和路由地址一并返回,该方法在 Django 4.0+ 中已废除。

2. 视图的响应方式

当 Web 服务器接收到浏览器的请求后,会做出相应的响应,具体的响应类型及描述信息如表 2-6 所列。

表 2-6　视图的响应方式

响 应 类 型	描 述 信 息
HttpResponse("响应内容")	状态码 200,请求已成功被服务器接收
HttpResponseRedirect("/")	状态码 302,重定向到首页地址
HttpResponsePermanentRedirect("/")	状态码 301,永久重定向到首页地址
HttpResponseBadRequest("400")	状态码 400,访问的页面不存在或请求错误
HttpResponseNotFound("404")	状态码 404,网页不存在或网页的 URL 失效
HttpResponseForbiden("403")	状态码 403,没有访问权限
HttpResponseNotAllowed("405")	状态码 405,不允许使用该请求方式
HttpResponseServerError("500")	状态码 500,服务器内部错误
JsonResponse({"key":"value"})	状态码 200,响应内容为 JSON 数据
StreamingHttpResponse()	状态码 200,响应内容以流式输出

以上响应类都来自 django.http 模块,使用时需引入相应的响应类。

3. 定义 test_view 视图函数

在 kongfuzi 项目的 books 目录下的 views.py 文件中,编写视图函数 test_view() 和 test_form(),具体代码如下。

```
1  def test_view(request):
2    if request.method == 'GET':
3      result = {}
4      result['请求方式'] = 'GET 请求'
5      result['是否是 HTTPS'] = request.is_secure()
```

```
 6      #result['是否是 Ajax'] = request.is_ajax()#Django4.0+版本已经没有
 7      result['服务器域名'] = request.get_host()
 8      result['端口号'] = request.get_port()
 9      result['路由地址'] = request.get_full_path()
10      #result['完整的网址信息'] = request.ge_raw_uri()#Django4.0+版本已经没有
11      result['Cooikes'] = request.COOKIES
12      result['content_type'] = request.content_type
13      result['content_params'] = request.content_params
14      result['scheme'] = request.scheme
15      result['session'] = request.session
16      username = request.GET.get("username",'未获取的用户名')
17      userpassword = request.GET.get("userpassword",'未获取到密码')
18      result['username'] = username
19      result['userpassword'] = userpassword
20      print(result)
21      return render(request,'test.html',context = {"result":result})
22    elif request.method == "POST":
23      user = request.POST.get('user','未获取到用户信息')
24      username = request.POST.get('username','')
25      userpassword = request.POST.get('userpassword','')
26      result = {}
27      result['请求方式'] = 'POST 请求'
28      result['user'] = user
29      result['username'] = username
30      result['userpassword'] = userpassword
31      return render(request,'test.html',context = {"result":result})
32    #test_form 函数
33    def test_form(request):
34      return render(request,'test_form.html')
```

test_form 仅做页面跳转。

render() 的参数如下。

(1) request,必选参数,浏览器向服务器发送的请求对象,包括用户信息、请求内容和请求方式等。

(2) template_name,必选参数,模板文件名,用于生成网页内容。

(3) context,可选参数,对模板上下文(模板变量)赋值,以字典格式表示,默认为空字典。

(4) content_type,可选参数,响应内容的数据格式,一般使用默认值即可。

(5) status,可选参数,HTTP 状态码,默认为 200。

(6) using,可选参数,设置模板引擎,用于解析模板文件,生成网页内容。

4. 配置 test_view 视图函数的路由地址

配置 test_view 视图函数的路由地址,代码如下。

```
1  from django.contrib import admin
2  from django.urls import path
```

```
 3    from books.views import add_book,find_book,test_view,test_form
 4    urlpatterns = [
 5      path('admin/', admin.site.urls),
 6      path('add_book/',add_book,name = 'add_book'),
 7      path('find_book/',find_book,name = "find_book"),
 8      path('test_view/', test_view, name = "test_view"),
 9      path('test_form/', test_form, name = "test_form"),
10    ]
```

5. 编写 test.html 模板页面

编写模板页面前,需在 kongfuzi 项目下建立目录 static 用于存放静态文件,包括 JavaScript、CSS 相关文件和一些图片。然后,在 static 下创建目录 js,并把 jQuery 的库 jquery-3.5.1.min.js 存入此目录中。

在 kongfuzi 目录下的 settings.py 文件中配置以下信息。

```
 1    import os
 2    STATIC_URL = '/static/'
 3    STATICFILES_DIRS = [
 4      os.path.join(BASE_DIR,'static')
 5    ]
```

STATIC_URL,通过 url 直接访问项目中的静态文件,如 http://localhost:8000/static/logo.jpg。

STATICFILES_DIRS,告诉 Django,首先到 STATICFILES_DIRS 里面寻找静态文件,其次到各个 App 的 static 目录里面找。

"import os"语句最好放在 settings.py 文件的最前面。

```
 1    <!DOCTYPE html >
 2    < html lang = "en">
 3      < head >
 4        < meta charset = "UTF - 8">
 5        < title > Title </title >
 6        < style >
 7          table{width: 600px;margin:auto;}
 8          th, td{border:1px solid black;}
 9          table{border - collapse: collapse;}
10          tr{line - height: 30pt;}
11          th{background - color: antiquewhite;color:red;}
12          table tr:nth - child(odd){background - color: aliceblue;}
13        </style >
14      </head >
15      < body >
16        < table >
17          < tr >
18            < th > key </th >
```

```
19          < th > value </th>
20       </tr>
21       { % for k,v in result.items % }
22          < tr >
23             < td >{{ k }}</td>
24             < td >{{ v }}</td>
25          </tr>
26       { % endfor % }
27       </table>
28    </body>
29 </html>
```

6. 编写 test_form. html 模板页面

编写 test_form. html 模板页面的代码如下。

```
1  <! DOCTYPE html >
2  { % load static % }
3  < html lang = "en">
4  < head >
5     < meta charset = "UTF - 8">
6     < title > Title </title>
7     < script src = "{ % static 'js/jquery - 3.5.1.min.js' % }"></script>
8     < style >
9        form, # ajax{
10          width:400px;
11          margin:50px auto;
12          line - height: 40pt;
13          padding:20px;
14          text - align: center;
15          border:1px solid black;
16          background - color: aliceblue;
17          display: flex;
18          flex - direction: column;
19       }
20    </style>
21 </head>
22 < body >
23    < form action = "/test_view/" method = "get">
24       < div >
25          < label >用户账号:</label>
26          < input type = "text" name = "username" id = "username1"/>
27       </div>
28       < div >
29          < label >用户密码:</label>
30          < input type = "password" name = "userpassword"
             id = "userpassword1"/>
31       </div>
32       < div >
```

```
33        < input type = "submit" value = "GET 请求"/>
34        < input type = "reset" value = "重置表单"/>
35      </div>
36    </form>
37    < form action = "/test_view/" method = "post">
38      { % csrf_token % }
39      < div >
40        < label >用户账号:</label >
41        < input type = "text" name = "username" id = "username2"/>
42      </div>
43      < div >
44        < label >用户密码:</label >
45        < input type = "password" name = "userpassword"
          id = "userpassword2"/>
46      </div>
47      < div >
48        < input type = "submit" value = "POST 请求"/>
49        < input type = "reset" value = "重置表单"/>
50      </div>
51    </form>
52    < div id = 'ajax'>
53      < div >
54        < label >用户账号: </label >
55        < input type = "text" name = "username" id = "username3"/>
56      </div>
57      < div >
58        < label >用户密码:</label >
59        < input type = "password" name = "userpassword"
          id = "userpassword3"/>
60      </div>
61      < div >
62        < input id = "btn1" type = "button" value = "Ajax + GET 请求"/>
63        < input id = "btn2" type = "button" value = "Ajax + POST 请求"/>
64        < input id = "btn3" type = "button" value = "清空内容"/>
65      </div>
66    </div>
67    < div id = "result">
68    </div>
69  </body>
70  </html>
71  < script >
72    $ (function(){
73      //处理 Ajax + GET 请求按钮
74      $ ("#btn1").click(function(){
75        username = $ ("#username3").val();
76        userpassword = $ ("#userpassword3").val();
77        if(username === '' || userpassword === ''){
78          alert('用户名和账号不能为空');
```

91

```
79        return false;
80      }
81      $.ajax({
82        url:'/test_view/',
83        type:'GET',
84        data:{"username":username,"userpassword":userpassword},
85        success:function(data,status){
86          //console.log(data,status)
87          $("#result").html(data);
88        },
89        error:function (data,status){
90          //console.log(data,status)
91          $("#result").html(data);
92        }
93      });
94    });
95    //处理 Ajax + POST 请求按钮
96    $("#btn2").click(function(){
97      username = $("#username3").val();
98      userpassword = $("#userpassword3").val();
99      if(username === '' || userpassword === ''){
100       alert('用户名和账号不能为空');
101       return false;
102     }
103     $.ajax({
104       url:'/test_view/',
105       type:'POST',
106       data:{"username":username,"userpassword":userpassword,
       "csrfmiddlewaretoken":"{{csrf_token}}"},
107       success:function(data,status){
108         //console.log(data,status)
109         $("#result").html(data);
110       },
111       error:function (data,status){
112         //console.log(data,status)
113         $("#result").html(data);
114       }
115     });
116   });
117   //处理清空按钮
118   $("#btn3").click(function(){
119     $("#username3").val("");
120     $("#userpassword3").val("");
121   });
122 })
123 </script>
```

{% load static %}加载静态资源。

<script src＝"{％ static 'js/jquery-3.5.1.min.js' ％}"></script>引入 static 目录下的 jQuery 库。

样式表中"display:flex;"使用 Flex 布局;"flex-direction:column;"使用列布局。

表单 2 中的"{％ csrf_token％}"是为了增强系统安全性,防止跨域请求,在发送 POST 请求时必须在表单中携带 csrf_token 信息,以便 Django 判断是否为非法请求;如果没有该信息,Django 会返回 403 信息,不响应请求。Django 项目默认是配置了中间件 django.middleware.csrf.CsrfViewMiddleware 的,如果允许跨域请求,可以删除配置的该中间件信息,但不建议删除。

$.ajax()为 jQuery 的 Ajax 请求方法。参数 url,是请求的 url 路径,此处为路由地址/test_view/;参数 type 为请求的方法(一般为 GET 或 POST 之一);参数 data 是向视图函数传递的数据,以字典格式表示,如果是 POST 请求,必须添加关键数据 "csrfmiddlewaretoken":"{{csrf_token}}",否则视图函数不会响应,只会返回 403 信息。

7. 测试 test_view 视图函数的功能

启动 Web 服务,打开浏览器,在地址栏输入 http://127.0.0.1:8000/test_view/,按 Enter 键,测试视图函数基本功能。

启动 Web 服务,打开浏览器,在地址栏输入 http://127.0.0.1:8000/test_view/? username＝"张三"＆userpassword＝"123456",按 Enter 键,测试视图函数接收参数功能。

启动 Web 服务,打开浏览器,在地址栏输入 http://127.0.0.1:8000/test_form/,按 Enter 键,出现如图 2-8 所示的界面。

图 2-8　GET 请求和 POST 请求

第 1 个表单用来做 GET 请求测试,第 2 个表单用来做 POST 请求测试,最后一项 (非表单)用来做 Ajax 测试(又分成 GET 请求和 POST 请求)。

第 1 个表单和第 2 个表单返回的结果均在 test_view 视图对应的页面 test.html 中,

并且在浏览器中以单独的窗口打开。

最后一项的返回结果依然是在 test_view 视图对应的页面 test.html 中，但不会在浏览器中以单独页面方式打开，而是显示位置在 test_form.html 中的最后一个< div ></div >中，如图 2-9 所示。

key	value
请求方式	POST
user	未获取到用户信息
username	admin
userpassword	admin

图 2-9　Ajax 请求返回数据

拓展阅读

一、《中华人民共和国网络安全法》(摘选)

第一条　为了保障网络安全，维护网络空间主权和国家安全、社会公共利益，保护公民、法人和其他组织的合法权益，促进经济社会信息化健康发展，制定本法。

第二十七条　任何个人和组织不得从事非法侵入他人网络、干扰他人网络正常功能、窃取网络数据等危害网络安全的活动；不得提供专门用于从事侵入网络、干扰网络正常功能及防护措施、窃取网络数据等危害网络安全活动的程序、工具；明知他人从事危害网络安全的活动的，不得为其提供技术支持、广告推广、支付结算等帮助。

第四十三条　个人发现网络运营者违反法律、行政法规的规定或者双方的约定收集、使用其个人信息的，有权要求网络运营者删除其个人信息；发现网络运营者收集、存储的其个人信息有错误的，有权要求网络运营者予以更正。网络运营者应当采取措施予以删除或者更正。

第四十四条　任何个人和组织不得窃取或者以其他非法方式获取个人信息，不得非法出售或者非法向他人提供个人信息。

第四十六条　任何个人和组织应当对其使用网络的行为负责，不得设立用于实施诈骗，传授犯罪方法，制作或者销售违禁物品、管制物品等违法犯罪活动的网站、通讯群组，不得利用网络发布涉及实施诈骗，制作或者销售违禁物品、管制物品以及其他违法犯罪活动的信息。

第六十三条　违反本法第二十七条规定,从事危害网络安全的活动,或者提供专门用于从事危害网络安全活动的程序、工具,或者为他人从事危害网络安全的活动提供技术支持、广告推广、支付结算等帮助,尚不构成犯罪的,由公安机关没收违法所得,处五日以下拘留,可以并处五万元以上五十万元以下罚款;情节较重的,处五日以上十五日以下拘留,可以并处十万元以上一百万元以下罚款。

单位有前款行为的,由公安机关没收违法所得,处十万元以上一百万元以下罚款,并对直接负责的主管人员和其他直接责任人员依照前款规定处罚。

违反本法第二十七条规定,受到治安管理处罚的人员,五年内不得从事网络安全管理和网络运营关键岗位的工作;受到刑事处罚的人员,终身不得从事网络安全管理和网络运营关键岗位的工作。

第六十七条　违反本法第四十六条规定,设立用于实施违法犯罪活动的网站、通讯群组,或者利用网络发布涉及实施违法犯罪活动的信息,尚不构成犯罪的,由公安机关处五日以下拘留,可以并处一万元以上十万元以下罚款;情节较重的,处五日以上十五日以下拘留,可以并处五万元以上五十万元以下罚款。关闭用于实施违法犯罪活动的网站、通讯群组。

单位有前款行为的,由公安机关处十万元以上五十万元以下罚款,并对直接负责的主管人员和其他直接责任人员依照前款规定处罚。

二、公安部公布十大高发电信网络诈骗类型

(摘录自:"信息通信行业反诈中心"官方公众号 2023-06-25 10:43)

1. 刷单返利类诈骗

【典型案例一】邵某在微信群内看到"免费送礼品、点赞评论返佣金"的信息及二维码,扫码联系上客服并按要求下载了一款 App,随后在 App 内"接待员"指导下做刷单任务。完成 5 单小额任务后收到了对应的佣金,并可全部提现到银行卡中。邵某遂开始认购金额更大的组合任务单,投入总本金 11 万元。但按要求完成任务后却发现已无法提现,App"接待员"称因邵某操作失误造成"卡单",要再做一次复合任务才能提现,邵某此时才发现被骗。

2. 虚假网络投资理财类诈骗

【典型案例二】于某在某直播平台上观看炒股知识直播时,收到自称是主播的好友请求,私聊后双方添加了 QQ 好友,对方又将于某拉入一投资交流群,于某在群内看见其他人在某款 App 投资获利,便下载该 App 并按照群管理员的指示在 App 内进行投资操作,小额试验都成功盈利并顺利提现。于某感觉获利丰厚,便在 App 内累计投资 347 万元。直至月底,于某发现 App 内余额无法提现且被对方拉黑,才意识到自己被骗。

3. 虚假网络贷款类诈骗

【典型案例三】樊某接到自称某金融平台客服的来电,询问是否有贷款需求。因樊某正好需要资金周转,便添加了对方企业微信好友,并下载某款"贷款"App。樊某在该 App 上申请贷款后,对方以交会员费、解冻金、证明还款能力等为由要求其转账。樊某向对方转账 13.7 万元后,对方仍称贷款条件不满足不能放贷,随后便失去联系。樊某发现下载

的 App 已无法登录,才意识到自己被骗。

4. 冒充电商物流客服类诈骗

【典型案例四】杜某接到自称某网店"客服"的电话,称其前几日购买的染发剂有质量问题,现需向杜某进行退款理赔,杜某信以为真。该"客服"诱导杜某下载一款 App,通过该 App 打开手机屏幕共享功能并按照指示进行操作。随后,杜某手机收到银行卡被转款 2 万元的短信,才发现被骗。

5. 冒充公检法类诈骗

【典型案例五】杨某接到一个自称上海市公安局警察的电话,称杨某名下一个银行账户涉嫌洗钱,让其到上海市公安局处理。杨某称去不了,对方让其添加 QQ 好友并发来一个显示杨某照片的文件,里面有涉嫌洗钱要被判刑等内容,杨某心生恐惧。随后,对方以涉及警务秘密为由要求杨某到无人的房间配合调查,并称杨某要想解除嫌疑就需把卡里的所有钱款转到"安全账户",待案件查清后将返还钱款,杨某遂向对方提供的银行账户转账 5 万元。后因对方要求删除所有聊天记录,杨某才发现被骗。

6. 虚假征信类诈骗

【典型案例六】王某接到一名自称银保监会处理高息贷款的工作人员电话,对方说王某有贷款逾期造成的不良记录,将影响个人征信。经过一番交流,王某相信了对方的身份,并按指引先后 3 次向所谓的"中国银保监会认证对接账户"的 3 个不同账号转账,共计 25 万元,其中 23 万元为王某从 3 个金融平台借贷的款项。"你还用过哪些银行卡和贷款App?"当对方一再问及该问题时,王某方才醒悟过来,意识到上当受骗。

7. 虚假购物、服务类诈骗

【典型案例七】李某在网上看到出售某名贵白酒的广告,遂按照对方留下的联系方式添加为微信好友咨询详情。对方自称为厂家直销,可提供内部价,但需私下交易。商定好价格后,李某向其账户转账 1.1 万元。数日后,李某向对方咨询物流配送信息时发现被拉黑,才发觉被骗。李某为找到骗子,在网上搜索私家侦探后,添加了一名自称私家侦探的人为好友。对方称可以通过手机定位为李某找人,但需先支付 1 万元劳务费,李某向对方提供的账号并转账 1 万元后发现再次被拉黑,先后两次上当受骗。

8. 冒充领导、熟人类诈骗

【典型案例八】李某的 QQ 账号被诈骗分子拉入一个工作群,见群里成员名字都是本公司工作人员便未再核实。几天后,李某收到群消息:骗子冒充的"总经理"称需支付对方工程款,要求李某核对公司账户上还有多少钱。李某核对公司账户资金后,骗子冒充的"总经理"要求李某把账上资金全部打给对方指定账户,并以事情紧急为由催促李某快点转账。因怕得罪"领导",李某便将公司账上 40 万元全部转出。后公司总经理收到银行短信询问,李某才发现被骗。

9. 网络游戏产品虚假交易类诈骗

【典型案例九】沈某在玩游戏时看到游戏聊天框内有一条"进群免费领取游戏道具"的消息,申请进群后,一位网名"派送员"的人告诉沈某扫描群内二维码便可领取大量游戏福利。沈某使用微信扫描二维码并填写了相关信息后,网页忽然显示微信将被冻结,沈某便联系"派送员",对方称系沈某操作不当所致,并向其推送一个网名为"处理员"的人。"处理员"称需要通过转账证明微信是本人使用，验证后将如数退还所有资金。沈某便按对方要求，先后向指定账户转账 1.8 万元，后因被对方拉黑才发现被骗。

10. 婚恋、交友类诈骗

【**典型案例十**】谢女士在网络上结识了一名"外国大兵"，对方自称是派驻某国的军医，非常喜欢中国文化，希望以后可以到中国定居。谢女士在与这名"大兵"聊天过程中逐渐被对方优雅的谈吐和日常的关心感动，在没见过面的情况下与对方确定了恋爱关系。"大兵"称要将自己的全部财产转移到中国，以便与谢女士共同生活，但因为遇到海关拦截，需要谢女士帮忙缴纳一笔费用才能通过。谢女士遂向其提供的账户转账 5 万元，后又因需缴纳"解冻费""手续费"等向对方提供的银行账户多次转账 40 余万元，直至被对方拉黑，谢女士才发现被骗。

课后练习

一、选择题

1. 如果要查询用户数量（用字段 num 表示）大于 2 的用户类型（用字段 usertype 表示），可以使用的语句是(　　)。（假定 User 和 Count 已使用 import 引入）

　　A. User. objects. annotate(Count('')). filter(Count('')__gt＝2)

　　B. User. objects. values('usertype'). annotate(num＝Count('*')). filter(num__gt＝2)

　　C. User. objects. annotate(num＝Count('*')). filter(num__gt＝2)

　　D. User. objects. aggregate(num＝Count('*')). filter(num__gt＝2)

2. 查询 User 中性别为女或者年龄大于 20 的用户，可以使用(　　)。

　　A. User. objects. filter(sex＝'女',age__gt＝20)

　　B. User. objects. filter(sex＝'女',Q(age__gt＝20))

　　C. User. objects. filter(Q(sex＝'女'),Q(age__gt＝20))

　　D. User. objects. filter(Q(sex＝'女')|Q(age__gt＝20))

3. Django 中查询所有记录的方法是(　　)。

　　A. all()方法　　　　　　　　　　　B. filter()方法

　　C. get()方法　　　　　　　　　　　D. order_by()方法

4. 在 Django 项目中，要在 User 表中创建新记录可以使用(　　)。

　　A. User(name＝'tom',age＝20). save()

　　B. User. objects. create(name＝'tom',age＝20)

　　C. User. objects. get_or_create(name＝'tom',age＝20)

　　D. user＝User();user. name＝'tom'; user. age＝20; user. save()

5. 在 Django 项目中，查询 Student 中班级(sclass)为空的所有记录，可以使用的语句是(　　)。

　　A. Student. objects. filter(sclass＝None)

　　B. Student. objects. filter(sclass__null＝True)

　　C. Student. objects. filter(sclass__null＝False)

D. Student. objects. filter(sclass＝NULL)

6. 在 Django 项目中,关于 ORM 叙述正确的是(　　)。

    A. 1 个模型类通常对应数据库中的 1 张表

    B. 定义模型类时通常需要继承 models. Model 类

    C. 模型类的 1 个对象对应数据库表中的 1 条记录

    D. 模型类的属性与数据库表中的字段一一对应

二、简答题

1. 请列举 5 种 Python Web 框架的名称。

2. 要在 D:\demo 目录中创建 Python 虚拟环境,名称为 djenv。请列出创建、激活、关闭该虚拟环境的命令。

3. 在 Django 项目中,请简要概述如何定义模型类。

4. 在 Django 项目中,要使用某个模型类,一般需要进行哪些配置?

5. 在 Django 项目中,数据迁移包含哪些关键步骤?

6. 使用 HTTP 向 Web 服务器提交表单,通常有哪些方法?请简要说明其适用场景。

项目 2 习题答案

项目 3 实现项目核心模块

任务 3.1 注册 Book 和 Type 模型

任务描述

Django 内置了强大的后台管理功能，借助其后台管理，可以方便地进行权限设置以及数据添加、修改和删除等操作。本任务重点训练超级管理员 Admin 账号的配置和创建，并通过 Django 的后台管理对 Type 关联表，以及 Book 关联表进行数据添加操作。通过本任务的训练，可以让读者初步掌握 Admin 注册模型类的简单方式。

Book 和 Type
注册方式一

任务目标

熟悉 Admin 模块的配置。

能正确使用命令创建 Admin 账号。

能正确注册 Book 模型类。

能正确注册 Type 模型类。

能借助 Django 后台添加有关数据。

任务实施

1. 添加 Admin 配置项

找到 kongfuzi/kongfuzi 下的 settings.py 配置文件，定位到 INSTALLED_APPS，添加 django.contrib.admin 配置项；如果已经默认配置，则忽略此步。相关代码如下。

```
1  INSTALLED_APPS = [
2    'django.contrib.admin',
3    'django.contrib.auth',
4    'django.contrib.contenttypes',
5    'django.contrib.sessions',
```

```
 6    'django.contrib.messages',
 7    'django.contrib.staticfiles',
 8    # 'books.apps.BooksConfig',
 9    'books',
10    'shopping'
11  ]
```

2. 创建 Admin 超级管理员账号

在 PyCharm 终端命令行窗口执行以下命令,创建超级管理员账号 Admin。

```
python manage.py createsupperuser
```

依次输入账号、邮件地址和密码,再输入 y 即可。创建过程如下。

```
 1   (venv) D:\django\kongfuzi > python manage.py createsuperuser
 2   Username (leave blank to use 'huawei'):admin
 3   Email address:8888@qq.com
 4   Password:
 5   Password (again):
 6   The password is too similar to the username.
 7   This password is too short. It must contain at least 8 characters.
 8   This password is too common.
 9   Bypass password validation and create user anyway? [y/N]:y
10   Superuser created successfully.
```

以上过程创建了账号为 admin,密码为 admin,邮箱为 8888@qq.com 的账户。注意:输入密码时,控制台不会显示任何信息,保证两次输入的密码一致即可。查看数据库表 auth_user,发现新添加了一条记录,即超级管理员 Admin 的账号。密码是加密过的,并不是创建时使用的 admin。

3. 注册 Book 和 Type 模型类

在 kongfuzi/books/admin.py 文件中,添加以下几行代码。

```
 1   from django.contrib import admin
 2   from .models import *
 3   # Register your models here.
 4   admin.site.register(Book)
 5   admin.site.register(Type)
```

"from . models import ＊"是引入模型定义类中的所有模型类。"admin. site. register(Book)"是向 Admin 后台管理注册 Book 模型类。"admin. site. register(Type)"是向 Admin 后台管理注册 Type 模型类。models 中的其他类为前面各任务练习使用,此处不用注册。

4. 登录 Admin 后台

登录入口为 http://127.0.0.1:8000/admin/,输入正确的账号和密码即可成功登录 Django 后台管理界面。

5. 添加 Type 模型数据

通过 Django Admin 后台管理"图书分类"菜单,添加图书分类数据。先删除数据库表 books_type 的所有数据,再添加表 3-1 所列数据。

表 3-1　图书分类数据

一级分类	二级分类	一级分类	二级分类
文学	中国古代文学	语言文字	语言学
文学	中国近代文学	语言文字	汉语
文学	中国现代文学	语言文字	英语
文学	中国当代文学	语言文字	法语
文学	世界文学	语言文字	德语
小说	中国古典小说	地理	中国地理
小说	中国现代小说	地理	世界地理
小说	中国当代小说	教材教辅	一年级
小说	四大名著	教材教辅	二年级
小说	外国小说	教材教辅	三年级
小说	世界名著	教材教辅	四年级
历史	中国史	教材教辅	五年级
历史	世界史	教材教辅	六年级

6. 添加 Book 模型数据

通过 Django Admin 后台管理"图书信息"菜单,添加表 3-2 所列数据。封面图片和详细介绍图片参见随书课程资源,也可自备图片。

表 3-2　图书信息数据

书名	作者	库存/册	新旧程度	出版社	版本	原价/元	折扣价/元	出版时间	封面图	详细介绍图	分类
K-三国演义	[明]罗贯中	500	0.8	中国文联出版社	第1版	30	18	2016-04-01	static/images/sgyy_face.jpg	static/details/sgyy_content.jpg	四大名著
K-西游记	[明]吴承恩 著	500	0.9	中华书局出版社	第1版	80	60	2014-10-01	static/images/sgyy_face_WeACv0O.jpg	static/details/sgyy_content_VXIWvaQ.jpg	四大名著
K-红楼梦	[清]曹雪芹	500	0.9	中国华侨出版社	第1版	50	45	2017-03-01	static/images/hlm_face.jpg	static/details/hlm_content.jpg	四大名著
K-水浒传(上、下册)	施耐庵、罗贯中 著	500	0.9	人民文学出版社	第1版	51	45	1997-01-01	static/images/hlm_face_dLW1CC6.jpg	static/details/hlm_content_lXW7uk8.jpg	四大名著
悲惨世界(套装上中下册)	[法]雨果 著、李丹、方于译	500	0.9	人民文学出版社	第1版	110	99	2015-06-01	static/images/bcsj_face.jpg	static/details/bcsj_content.jpg	世界名著
罪与罚	[俄]陀思妥耶夫斯基 著、曾思艺译	500	0.9	浙江文艺出版社	第1版	68	60	2019-01-01	static/images/zye_face.jpg	static/details/zye_content.jpg	世界名著
局外人	阿尔贝·加缪(Albert Camus)	500	0.9	台海出版社	第1版	49.8	45	2019-10-01	static/images/jwr_face.jpg	static/details/jwr_content.jpg	世界名著
百年孤独	[哥伦比亚]加西亚·马尔克斯	500	0.9	南海出版公司	第1版	55	45	2017-08-01	static/images/bngd_face.jpg	static/details/bngd_content.jpg	世界名著

续表

书名	作者	库存/册	新旧程度	出版社	版本	原价/元	折扣价/元	出版时间	封面图	详细介绍图	分类
巴黎圣母院	[法]雨果著、陈敬容译	500	0.9	人民文学出版社	第 1 版	36	34	2015-03-01	static/images/bngd_face_18XpJ4u.jpg	static/details/bngd_content_4xiYCPg.jpg	世界名著
简读中国史 1+2（套装 2 册）	张宏杰	500	0.9	湖南文艺出版社	第 1 版	132	98	2020-10-01	static/images/jzgs_face.jpg	static/details/jdzgs_content.jpg	中国史
明朝那些事儿增补版. 全集（2021 版）	当年明月	500	0.9	北京联合公司	第 1 版	405	388	2021-09-01	static/images/mcnxs_face.JPG	static/details/mcnxs_content.jpg	中国史
半小时漫画中国史＋世界史系列（共 7 册）	陈磊等	500	0.9	北京日报出版社	第 1 版	309.3	275	2021-05-31	static/images/bxszgs_face.JPG	static/details/bxszgs_content.jpg	中国史
中国通史	宛华编	500	0.9	中国华侨出版社	第 1 版	55	25	2017-02-01	static/images/zgts_face.jpg	static/details/zgts_content.jpg	中国史

*任务 3.2 注册 Book 和 Type 模型 ‖

任务描述

　　kongfuzi/books/admin.py 中通过 Admin 方式注册的 Book 模型类,在后台列表页仅显示 Book 的 id 值,不便于管理员在列表页查看其他关键字段。在 Django 后台添加或修改 Book 数据时,也没有指定 Book 的 types 字段与 Type 模型类的关联方式,输入书籍 types 字段时不得不通过文本框录入,增加了录入的时间和出错的概率。通过本任务的训练,可以让读者掌握通过定义 ModelAdmin 子类的方式注册 Book 模型类和 Type 模型类,灵活设置后台列表页显示的关键字段,并设置 Book 的 types 字段与 Type 的关联方式。

Book 和 Type
注册方式二

任务目标

　　正确定义 ModelAdmin 的子类 BookAdmin 和 TypeAdmin。
　　掌握 site_title、site_header、index_title 属性的使用。
　　掌握 list_display、search_fields、date_hierarchy、list_filter 属性的使用。
　　掌握 formfield_for_dbfield 函数的重构。

任务实施

1. 重构 admin.py 文件

注释掉 kongfuzi/books/admin.py 文件中的以下语句。

```
1  #admin.site.register(Book)
2  #admin.site.register(Type)
```

2. 新建 BookAdmin 类

在 kongfuzi/books/admin.py 文件中,新建类 BookAdmin。

```
1  #修改 title 和 header
2  admin.site.site_title = '孔夫子旧书交易平台'
3  admin.site.site_header = '孔夫子旧书交易平台后台管理系统'
4  admin.site.index_title = '孔夫子旧书交易管理'
5  @admin.register(Book)
6  class BookAdmin(admin.ModelAdmin):
7      #Book 列表页面显示的字段,为 Book 的所有字段
8      list_display = [x for x in list(Book._meta._forward_fields_map.keys())]
```

```
 9      #Book 列表页可以查询的字段
10      search_fields = ['publishing_house','types','name','author','isbn']
11      #可以按照日期字段 created 进行分组
12      date_hierarchy = 'created'
13      #Book 添加,修改页面字段 types 设置为下拉选项,选项值为 Type 记录中的 second 字段
14      def formfield_for_dbfield(self, db_field, request, ** kwargs):
15        if db_field.name == 'types':
16          db_field.choices = [(x['second'],x['second']) for x in
            Type.objects.values('second')]
17        return super().formfield_for_dbfield(db_field,request, ** kwargs)
```

3. 新建 TypeAdmin 类

在 kongfuzi/books/admin.py 文件中,新建类 TypeAdmin 如下。

```
1    @admin.register(Type)
2    class TypeAdmin(admin.ModelAdmin):
3      #Type 列表页面显示的字段,为 Type 的所有字段
4      list_display = [x for x in list(Type._meta._forward_fields_map.keys())]
5      #Type 列表页可以查询的字段
6      search_fields = ['first', 'second']
7      #Type 列表页面,可按照 first 字段进行筛选
8      list_filter = ['first']
```

4. 登录 Admin 后台验证效果

启动 Web 服务器,使用路径 http://127.0.0.1:8000/admin 登录到 Admin 后台,对比重构前后的结果。

任务 3.3   实现首页基本功能

任务描述

Django 的视图可以使用视图函数来实现,也可以使用视图类来实现。视图类的使用通常是以定义 Django 相关视图子类的方式来实现。Djanog 默认情况下已定义了许多视图类供用户继承,包括 TemplateView、ListView、DetailView 等,本任务定义的 IndexClassView 视图类,继承于 TemplateView 类。使用不同类型的视图子类,需要定义的属性会有较大的不同,但都需要定义 template_name 用于指定具体模板的名称,往往也需要从数据库查询数据及提供一些其他关键数据以供模板使用。使用视图类的方式定义视图,在配置 URL 路由时也略有区别。通过本任务的训练,可以让读者掌握 TemplateView 子类的定义方式及 URL 路由的配置方式。

首页数据查询和渲染

105

任务目标

掌握 TemplateView 视图子类的编写方法。

正确使用 order_by()、filter()和 types__in。

重构 get_context_data()方法。

掌握 get()方法和 post()方法的编写。

掌握针对视图类的路由配置方法。

任务实施

1. 编写 IndexClassView 视图类

在 kongfuzi/books/view.py 文件中添加视图类 IndexClassView，该类继承自 TemplateView 类。相关代码如下。

```
1   from django.views.generic.base import TemplateView
2   from books.models import Book,Type
3   #视图类编写
4   class IndexClassView(TemplateView):
5       template_name = 'index.html'#模板页面
6       template_engine = None
7       content_type = None
8       extra_context = {"title":"首页"}
9       #重定义模板上下文的获取方式
10      def get_context_data(self, ** kwargs):
11          context = super().get_context_data( ** kwargs)
12          #取书籍销售量的 Top10,注意 sold 前边是中横线,表示降序排列
13          context['books'] = Book.objects.order_by('-sold').all()[:10]
14          #所有书籍分类数据
15          types = Type.objects.all()
16          #c1 小说的销售 Top5
17          c1 = [x.second for x in types if x.first == '小说']
18          #注意 types 与 in 之间是双下画线
19          context['xiaoshuo'] = Book.objects.filter(types__in=c1).
            order_by('-sold')[:5]
20          #c2 文学的销售 Top5
21          c2 = [x.second for x in types if x.first == '文学']
22          context['wenxue'] = Book.objects.filter(types__in=c2).order_by
            ('-sold')[:5]
23          #c3 历史的销售 Top5
24          c3 = [x.second for x in types if x.first == '历史']
25          context['lishi'] = Book.objects.filter(types__in=c3).
            order_by('-sold')[:5]
26          #c4 语言文字的销售 Top5
27          c4 = [x.second for x in types if x.first == '语言文字']
```

```
28    context['wenzhi'] = Book.objects.filter(types__in = c4).order_by
      ('-sold')[:5]
29    # c5 地理的销售 Top5
30    c5 = [x.second for x in types if x.first == '地理']
31    context['dili'] = Book.objects.filter(types__in = c5).order_by
      ('-sold')[:5]
32    # c6 教材教辅的销售 Top5
33    c6 = [x.second for x in types if x.first == '教材教辅']
34    context['jiaofu'] = Book.objects.filter(types__in = c6).order_by
      ('-sold')[:5]
35    return context
36    # 定义 HTTP 的 GET 请求处理方法
37    # 若路由设有路由变量,则可从参数 kwargs 里获取
38    def get(self, request, *args, **kwargs):
39        pass
40        content = self.get_context_data(**kwargs)
41        return self.render_to_response(content)
42    # 定义 HTTP 的 POST 请求处理方式
43    def post(self, request, *args, **kwargs):
44        content = self.get_context_data(**kwargs)
45        return self.render_to_response(content)
```

2. 配置 IndexClassView 视图类的路由信息

在 kongfuzi/kongfuzi/urls.py 文件中做以下配置。

```
1    urlpatterns = [
2        path('admin/', admin.site.urls),
3        path('add_book/', add_book, name = 'add_book'),
4        path('find_book/', find_book, name = "find_book"),
5        path('test_view/', test_view, name = "test_view"),
6        path('test_form/', test_form, name = "test_form"),
7        path('', IndexClassView.as_view(), name = 'index'),
8    ]
```

3. 编写 index.html 模板页面

在 kongfuzi/templates 目录下新建文件 index.html,并编写以下内容。

```
1    <!DOCTYPE html>
2    <html lang = "en">
3    <head>
4        <meta charset = "UTF-8">
5        <title>{{ title }}</title>
6        <style>
7        div{float:left;padding:2px;margin:1px;background: #ccc; }
8        </style>
9    </head>
```

107

```
10    < body >
11      < div >
12        < h2 >销售 Top10 </h2 >
13        { % for item in books % }
14        < p >{{ item. name }}</p >
15        { % endfor % }
16      </div >
17      < div >
18        < h2 >小说 Top5 </h2 >
19        { % for item in xiaoshuo % }
20        < p >{{ item. name }}</p >
21        { % endfor % }
22      </div >
23      < div >
24        < h2 >文学 Top5 </h2 >
25        { % for item in wenxue % }
26        < p >{{ item. name }}</p >
27        { % endfor % }
28      </div >
29      < div >
30        < h2 >历史 Top5 </h2 >
31        { % for item in lishi % }
32        < p >{{ item. name }}</p >
33        { % endfor % }
34      </div >
35      < div >
36        < h2 >语言文字 Top5 </h2 >
37        { % for item in wenzhi % }
38        < p >{{ item. name }}</p >
39        { % endfor % }
40      </div >
41      < div >
42        < h2 >地理 Top5 </h2 >
43        { % for item in dili % }
44        < p >{{ item. name }}</p >
45        { % endfor % }
46      </div >
47      < div >
48        < h2 >教材教辅 Top5 </h2 >
49        { % for item in jiaofu % }
50        < p >{{ item. name }}</p >
51        { % endfor % }
52      </div >
53    </body >
54  </html >
```

4. 测试首页功能

启动 Django Web 服务,访问 http://127.0.0.1:8000/,测试视图类功能。此处页面仅显示最基本的数据,后续将会对此页面进行重新布局和美化。

*任务 3.4　设计和编写 base.html 模板页面

任务描述

本模板设计除了使用 Django 的模板语法外，还使用了 Layui 前端框架。Layui 框架可从网址 http://layui.sandbean.com/下载。根据 Django 模板语法，设计基础模板 base.html，网页结构包括 header、content 和 footer 三大部分。页头 header 部分包括网站 LOGO(Logotype)、搜索框、菜单栏，是所有网页的公共部分。页脚 footer 部分也是所有网页的公共部分。content 和 script 定义成 block，由各网页继承 base.html 后，再进行具体内容的添加。通过本任务的训练，可以让读者掌握模板页面设计的基本思路。

基础模板 base.
html 设计

任务目标

掌握{% load static%}语法。

掌握{% url %}语法。

掌握{%if %}{%endif %}语法。

掌握{%block %}{%endblock %}语法。

任务实施

将下载的 Layui(当前版本 2.6.8)解压后复制到 kongfuzi/static 下。在 kongfuzi/static 下创建目录 css，并在 css 目录下创建 main.css 文件。在 kongfuzi/templates 目录下，新建 base.html 文件，并编写以下内容。

```
1   <!DOCTYPE html>
2   {% load static %}
3   <html lang = "en">
4     <head>
5       <meta charset = "UTF-8">
6       <title>{{ title }}</title>
7       <link rel = "stylesheet" href = "{% static 'css/main.css' %}">
8       <link rel = "stylesheet" href = "{% static 'layui/css/layui.css' %}">
9       <script src = "{% static 'layui/layui.js' %}"></script>
10    </head>
11    <body>
12      <!--- header 部分开始 -->
13      <div class = "header">
14        <div class = "wl200">
15          <h1 class = "mallLogo">
16            <a href = "{% url 'index' %}" title = "孔夫子旧书交易平台">
```

```
17          < img src = "{ % static 'images/logo.png' % }">
18          </a>
19        </h1>
20        < div class = "mallSearch">
21          < form action = "{ % url 'books' % }" method = "get"
              class = "layui - form">
22            < input type = "text" name = "n" required autocomplete = "off"
              class = "layui - input"
              placeholder = "请输入要搜索的商品">
23            < button class = "layui - btn">
24              < i class = "layui - icon layui - icon - search"></i>
25            </button >
26          </form >
27        </div >
28      </div >
29    </div >
30  <!--- header 部分结束 -->
31  <!-- content 部分开始 -->
32  < div class = "content content - nav - base {{ classContent }}">
33    < div class = "main - nav">
34      < div class = "inner - cont1 w1200">
35        < div class = "inner - cont2">
36          < a href = "{ % url 'index' % }" { % if classContent
              == '' % } class = "active"{ % endif % }>首页</a>
37          < a href = "{ % url 'books' % }" { % if classContent
              == 'commoditys' % } class = "active"{ % endif % }>
              所有商品</a>
38          < a href = "{ % url 'shopcart' % }" { % if classContent
              == 'shopcarts' % } class = "active"{ % endif % }>
              购物车</a>
39          < a href = "{ % url 'shopper' % }" { % if classContent
              == 'informations' % } class = "active"{ % endif % }>
              个人中心</a>
40        </div >
41      </div >
42    </div >
43    { % block content % }{ % endblock content % }
44  </div >
45  <!-- content 部分结束 -->
46  <!-- footer 部分开始 -->
47    < div class = "footer">
48      < div class = "ng - promise - box">
49        < div class = "ng - promise w1200">
50          < p class = "text">
51            < a class = "icon1" href = "javascript:;">7 天无理由退换货</a>
52            < a class = "icon2" href = "javascript:;">满 99 元全场免邮</a>
53            < a class = "icon3" style = "margin - right: 0"
                href = "javascript:;">100 % 品质保证</a>
```

```
54              </p>
55            </div>
56          </div>
57          <div class = "mod_help w1200">
58            <p>
59              <a href = "javascript:;">关于我们</a>
60              <span>|</span>
61              <a href = "javascript:;">帮助中心</a>
62              <span>|</span>
63              <a href = "javascript:;">售后服务</a>
64              <span>|</span>
65              <a href = "javascript:;">购书资讯</a>
66              <span>|</span>
67              <a href = "javascript:;">关于货源</a>
68            </p>
69          </div>
70        </div>
71        <!-- footer 部分结束 -->
72        <!-- script 定义开始 -->
73        {% block script %}{% endblock script %}
74        <!-- script 部分结束 -->
75      </body>
76    </html>
```

对以上代码中的部分内容说明如下。

（1）{% load static %}：加载静态资源。

（2）{% static 'css/main. css' %}：引用 kongfuzi/static/css/main. css 样式文件，其他含有 static 关键字的都是引用静态资源（包括 css、js 和 image）。

（3）{{title}}：取视图函数或视图类传递的变量 title 的值；{{classContent}}：取视频函数或视频类传递的变量 classContent 的值。

（4）{% url index' %}：生成路由地址，index 代表 kongfuzi/urls. py 中定义的路由中 name 值为"index"，其他含有 url 的类似。

（5）{% if classContent == '' %}class = "active"{% endif %}：条件语法，classContent 为视图函数或视图类传递的变量，当其值为空时，使用样式类"active"，其他含 if 的语句类似。

（6）{% block content %}{% endblock content %}：块 content 定义，script 块定义类似。

此页面涉及 4 个 URL 路由，分别是 index、books、shopcart 和 shopper。在 kongfuzi/kongfuzi/urls. py 文件中，添加以下路由信息。

```
path('books/',books, name = 'books'),
path('',indexClassView.as_view(), name = 'index'),
path("shopcart/",shopcart, name = 'shopcart'),
path("shopper/",shopper, name = 'shopper'),
```

在 kongfuzi/books/views.py 文件中,定义以下视图函数(详细内容在后续任务中再添加)。

```
1  def books(request):
2      return HttpResponse("book 页面")
```

在 kongfuzi/books/views.py 中的视图类 indexClassView 中增加以下语句。

```
1  context['classContent'] = ''
```

在 kongfuzi/shopping/views.py 文件中,定义以下视图函数(详细内容在后续任务中再添加)。

```
1  from django.http import HttpResponse
2  def shopcart(request):
3      return HttpResponse("shopcart 页面")
4  def shopper(request):
5      return HttpResponse("shopper 页面")
```

*任务 3.5 设计和编写 index2.html 模板页面

任务描述

使用 Django 模板标签,Layui 框架语法,设计 index2.html 模板页面。通过本任务的训练,可以让读者熟练掌握 Django 模板中的 extends 标签、for 标签、floatformat 过滤器和 forloop.counter 索引变量的使用,以及 Layui 框架的基本语法。

首页模板 index2.
html 设计

任务目标

正确使用{%extends %}模板标签。

正确使用{%for%}{%endfor%}模板标签。

正确使用过滤器 floatformat。

正确使用索引变量 forloop.counter。

巩固 URL 路由参数的使用。

学习 Layui 框架的基本语法。

任务实施

在 kongfuzi/templates 下添加 index2.html 模板文件。主要包括 content、footer 和 script 三人块的定义。content 块又包括 banner 定义、轮播图定义和 1~6 楼的定义。

banner 部分的代码编写如下。

```
1    < div class = "category - con">
2    < div class = "category - banner">
3      < img src = "{ % static 'images/banner1.jpg' % }">
4    </div>
5    </div>
```

轮播图部分的代码编写如下。

```
1    < div class = "floors">
2      < div class = "sk">
3        < div class = "w1200">
4          < div class = "sk_hd">
5            < a href = "javascript:;">
6              < img src = "{ % static 'images/s_img1.jpg' % }">
7            </a>
8          </div>
9          < div class = "sk_bd">
10           < div class = "layui - carousel" id = "test1">
11             < div carousel - item > style = "height:298px;"
12               < div class = "item - box">
13                 { % for boo in books % }
14                   { % if forloop.counter < 5 % }
15                     < div class = "item">
16                       < a href = "{ % url 'detail' boo.id % }">
17                         < img src = "{{ boo.img }}"></img>
18                       </a>
19                       < div class = "title">{{ boo.name }}</div>
20                       < div class = "price">
21                         < span > ¥ {{ boo.discount|floatformat:'2' }}</span >
22                         < del > ¥ {{ boo.price|floatformat:'2' }}</del >
23                       </div>
24                     </div>
25                   { % endif % }
26                 { % endfor % }
27               </div>
28               < div class = "item - box">
29                 { % for boo in books % }
30                   { % if forloop.counter > 4 % }
31                     < div class = "item">
32                       < a href = "{ % url 'detail' boo.id % }">
33                         < img src = "{{ boo.img }}"></a>
34                       < div class = "title">{{ boo.name }}</div>
35                       < div class = "price">
36                         < span > ¥ {{ boo.discount|floatformat:'2' }}</span >
37                         < del > ¥ {{ boo.price|floatformat:'2' }}</del >
38                       </div>
39                     </div>
40                   { % endif % }
```

```
41                { % endfor % }
42              </div >
43            </div >
44          </div >
45        </div >
46      </div >
47    </div >
48  </div >
```

1~6 楼的定义代码(每楼代码类似,仅取数据不同,重点关注 1 楼的代码即可)如下。

```
1   < div class = "product - cont w1200">
2     < div class = "product - item product - item1 layui - clear">
3       < div class = "left - title">
4         < h4 >< i > 1F </i ></h4 >
5         < img src = "{ % static 'images/icon_gou. png' % }">
6         < h5 >小说</h5 >
7       </div >
8       < div class = "right - cont">
9         < a href = "javascript:;" class = "top - img">< img src = "{ % static
            'images/img12. jpg' % }"></a >
10        < div class = "img - box">
11          { % for boo in xiaoshuo % }
12            < a href = "{ % url 'detail' boo. id % }">< img src = "{{ boo. img }}"></a >
13          { % endfor % }
14        </div >
15      </div >
16    </div >
17    < div class = "product - item product - item2 layui - clear">
18      < div class = "left - title">
19        < h4 >< i > 2F </i ></h4 >
20        < img src = "{ % static 'images/icon_gou. png' % }">
21        < h5 >文学</h5 >
22      </div >
23      < div class = "right - cont">
24        < a href = "javascript:;" class = "top - img">< img src = "{ % static
            'images/img12. jpg' % }" alt = ""></a >
25        < div class = "img - box">
26          { % for boo in wenxue % }
27            < a href = "{ % url 'detail' boo. id % }">< img src = "{{ boo. img }}"></a >
28          { % endfor % }
29        </div >
30      </div >
31    </div >
32    < div class = "product - item product - item3 layui - clear">
33      < div class = "left - title">
34        < h4 >< i > 3F </i ></h4 >
35        < img src = "{ % static 'images/icon_gou. png' % }">
```

```
36          <h5>历史</h5>
37        </div>
38        <div class = "right - cont">
39          <a href = "javascript:;" class = "top - img"><img src = "{ % static
            'images/img12.jpg' % }"></a>
40          <div class = "img - box">
41            { % for boo in lishi % }
42              <a href = "{ % url 'detail' boo.id % }"><img src = "{{ boo.img }}"></a>
43            { % endfor % }
44          </div>
45        </div>
46      </div>
47      <div class = "product - item product - item4 layui - clear">
48        <div class = "left - title">
49          <h4><i>4F</i></h4>
50          <img src = "{ % static 'images/icon_gou.png' % }">
51          <h5>语言文字</h5>
52        </div>
53        <div class = "right - cont">
54          <a href = "javascript:;" class = "top - img"><img src = "{ % static
            'images/img12.jpg' % }"></a>
55          <div class = "img - box">
56            { % for boo in wenzhi % }
57              <a href = "{ % url 'detail' boo.id % }"><img src = "{{ boo.img }}"></a>
58            { % endfor % }
59          </div>
60        </div>
61      </div>
62      <div class = "product - item product - item5 layui - clear">
63        <div class = "left - title">
64          <h4><i>5F</i></h4>
65          <img src = "{ % static 'images/icon_gou.png' % }">
66          <h5>地理</h5>
67        </div>
68        <div class = "right - cont">
69          <a href = "javascript:;" class = "top - img"><img src = "{ % static
            'images/img12.jpg' % }"></a>
70          <div class = "img - box">
71            { % for boo in dili % }
72              <a href = "{ % url 'detail' boo.id % }"><img src = "{{ boo.img }}"></a>
73            { % endfor % }
74          </div>
75        </div>
76      </div>
77      <div class = "product - item product - item6 layui - clear">
78        <div class = "left - title">
79          <h4><i>6F</i></h4>
80          <img src = "{ % static 'images/icon_gou.png' % }">
```

```
81        <h5>教材教辅</h5>
82      </div>
83      <div class="right-cont">
84        <a href="javascript:;" class="top-img"><img src="{% static
          'images/img12.jpg' %}"></a>
85        <div class="img-box">
86          {% for boo in jiaofu %}
87            <a href="{% url 'detail' boo.id %}"><img src="{{ boo.img }}"></a>
88          {% endfor %}
89        </div>
90      </div>
91    </div>
92  </div>
```

footer 块的定义代码如下。

```
1   <div class="footer">
2     <div class="ng-promise-box">
3       <div class="ng-promise w1200">
4         <p class="text">
5           <a class="icon1" href="javascript:;">7 天无理由退换货</a>
6           <a class="icon2" href="javascript:;">满 99 元全场免邮</a>
7           <a class="icon3" style="margin-right: 0" href="javascript:;">100 %
            品质保证</a>
8         </p>
9       </div>
10    </div>
11    <div class="mod_help w1200">
12      <p>
13        <a href="javascript:;">关于我们</a>
14        <span>|</span>
15        <a href="javascript:;">帮助中心</a>
16        <span>|</span>
17        <a href="javascript:;">售后服务</a>
18        <span>|</span>
19        <a href="javascript:;">购书资讯</a>
20        <span>|</span>
21        <a href="javascript:;">关于货源</a>
22      </p>
23    </div>
24  </div>
```

script 块的定义代码如下。

```
1   layui.use('carousel', function(){
2     var carousel = layui.carousel,
3     var option = {
4       elem: '#test1'
5       ,width: '100%'
```

```
6        ,arrow: 'always'
7        ,height:'298'
8        ,indicator:'none'
9     }
10    carousel.render(option);
11  });
```

index2.html 中部分代码的作用说明如下。

{{ boo.price|floatformat:'2' }}：使用了过滤器 floatformat，表示把书籍的价格保留两位小数。

forloop.counter：获取当前循环索引，从 1 开始。

{% url 'detail' boo.id %}：为路由变量 detail 传递参数，boo.id 取书籍的 id。

在 kongfuzi/kongfuzi/urls.py 文件中定义路由如下。

```
1  path("detail/< int:book_id >/",detail,name = 'detail'),
```

< int:book_id >表示接收一个整型变量的参数，书籍的 id 是整型变量。

在 kongfuzi/books/views.py 文件中，定义视图函数如下（具体内容在后续任务中完善）。

```
1  def detail(request,book_id):
2     print(book_id)
3     return HttpResponse(book_id)
```

该视图函数需要接收一个整型变量，即书籍的 id。

*任务 3.6　定义模板标签和过滤器

任务描述

学习 Django 的模板前，需要先熟悉并灵活应用常用的内置模板标签、内置模板变量和内置过滤器。当内置标签和内置过滤器不能满足实际需要时，Django 也提供了自定义模板标签和自定义过滤器的机制。通过自定义模板标签和自定义过滤器，可以实现一些个性化的特殊需求。通过本任务的训练，可以让读者熟记常用的内置模板标签、内置模板变量和内置过滤器，并初步学会自定义模板标签和自定义过滤器。

模板标签、模板变量和过滤器

任务目标

识记常用的模板标签。

识记常用的模板变量。

识记常用的内置过滤器。

学习模板标签的自定义。

学习过滤器的自定义。

任务实施

1. 内置模板标签

Django 常用的内置模板标签如表 3-3 所列，其余标签可参阅 django\template\defaulttags.py 文件中的源代码。

表 3-3　Django 常用的内置模板标签

标　　签	描　　述
{%for%}	遍历输出上下文的内容
{%if%}	对上下文进行条件判断
{%csrf_token%}	生成 csrf_token 的标签，用于防护跨站请求伪造攻击
{%url%}	引用路由配置的地址，生成相应的路由地址
{%with%}	将上下文名重新命名
{%load%}	加载 Django 的标签库
{%static%}	读取静态资源的文件内容
{%extends xxx.html%}	模板继承，xxx.html 为模板文件名，当前模板继承 xxx 模板.html
{%block xxx%}	重写父类模板的代码

2. 内置模板变量(函数)

Django 常用的内置模板变量(函数)如表 3-4 所列。

表 3-4　Django 常用的内置模板变量(函数)

函　　数	描　　述
forloop.counter	获取当前循环的索引，从 1 开始
forloop.counter()	获取当前循环的索引，从 0 开始
forloop.revcounter	索引从最大数开始递减，直到索引至 1 位置
forloop.revcounter()	索引从最大数开始递减，直到索引至 0 位置
forloop.first	当前遍历的元素为第一项时为真
forloop.last	当前遍历的元素为最后一项时为真
forloop.parentloop	大嵌套的 for 循环中，获取上层 for 循环的 forloop

3. 内置过滤器

Django 常用的内置过滤器如表 3-5 所列，其余过滤器可参阅 django\template\defaultfilters.py 文件中的源代码。

表 3-5　Django 常用的内置过滤器

序号	内置过滤器	使用形式	说　明
1	add	{{value|add: "2"}}	将 value 的值增加 2
2	addslashed	{{value|addslashed}}	在 value 中的引号前增加反斜杠
3	capfirst	{{value|capfirst}}	value 的第一个字符转化成大写形式
4	cut	{{value|cut:arg}}	从 value 中删除所有 arg 的值。如果 value 是" String with spaces",arg 是"",那么输出"Stringwithspaces"
5	date	{{value|date: "D d M Y"}}	将日期格式数据按照给定的格式输出
6	default	{{value|default: "nothing"}}	如果 value 的值是 False,那么输出值为过滤器设定的默认值
7	default_if_none	{{value|default_if_none: "null"}}	如果 value 的值是 None,那么输出值为过滤器设定的默认值
8	dictsort	{{value|dictsort : "name"}}	如果 value 的值是一个列表,里面的元素是字典,那么返回值按照每个字典的关键字排序
9	dictsortreversed	{{value|dictsortreversed: "name"}}	如果 value 的值是一个列表,里面的元素是字典,那么返回值按照每个字典的关键字反序排序
10	divisibleby	{{value|divisibleby:arg}}	如果 value 能被 arg 整除,那么返回值将是 True
11	escape	{{value|escape}}	控制 HTML 转义,替换 value 中某些 HTML 特殊字符
12	escapejs	{{value|escapejs}}	替换 value 中某些特殊字符,以适应 JavaScript 和 JSON 格式
13	filesizeformat	{{value|filesizeformat}}	格式化 value 值,使其成为易读的文件大小,如 13KB、4.1MB 等
14	first	{{value|first}}	返回列表中的第一个 item。例如,value 是列表['a','b','c'],那么输出的将是 'a'
15	floatformat	{{value|floatformat}} 或 {{value|floatformat:arg}}	对数据进行四舍五入处理,参数 arg 是保留小数的位数,可以是正数或负数。无参数默认保留 1 位小数
16	get_digit	{{value|get_digit:"arg"}}	如果 value 是 123456789,arg 是 2,那么输出的是 8
17	iriencode	{{value|iriencode}}	如果 value 中有非 ASCII 字符,那么将其转化为 URL 中适合的编码
18	join	{{value|join: "arg"}}	使用指定的字符串连接一个 list,作用等同于 Python 中的 str.join(list)
19	last	{{value|last}}	返回列表中的最后一个 item
20	length	{{value|length}}	返回 value 的长度

续表

序号	内置过滤器	使用形式	说　明
21	length_is	{{value|length_is："arg"}}	如果 value 的长度等于 arg，那么返回 True
22	linebreaks	{{value|linebreaks}}	value 中的"\n"将被< br/>替代，并将整个 value 使用< p >包围起来，从而适合 HTML 的格式
23	linebreaksbr	{{value|linebreaksbr}}	value 中的"\n"将被< br/>替代
24	linenumbers	{{value|linenumbers}}	为显示的文本添加行数
25	ljust	{{value|ljust}}	以左对齐方式显示 value
26	center	{{value|center}}	以居中对齐方式显示 value
27	rjust	{{value|rjust}}	以右对齐方式显示 value
28	lower	{{value|lower}}	将一个字符串转换成小写形式
29	make_list	{{value|make_list}}	将 value 转换成 list。例如，value 是 Joel，则输出{u'J',u'o',u'e',u'l'}
30	pluralize	{{value|pluralize}}或者{{value|pluralize："es"}}或者{{value|pluralize："y,ies"}}	将 value 返回英语复数形式
31	random	{{value|random}}	从给定的 list 中返回一个任意的 item
32	recovertags	{{value|recovertags："tag1 tag2 tag3 …"}}	删除 value 中 tag1、tag3、tag3 等标签
33	safe	{{value|safe}}	关闭 HTML 转义，告诉 Django 这段代码是安全的，不必转义
34	safeeq	{{value|safeeq}}	与 safe 基本相同，但 safe 是针对字符串，而 safeeq 针对多个字符串组成的 sequence
35	slice	{{value|slice："2"}}	与 Python 中 slice 相同，2 表示截取前两个字符，此过滤器可用于中文或英文
36	slugify	{{value|slugify}}	将 value 转换成小写形式，同时删除所有分单词字符，并将空格变成横线
37	stringtags	{{value|stringtags}}	删除 value 中的所有 HTML 标签
38	time	{{value|time："H：i"}}或{{value|time}}	格式化时间输出，如果 time 后面没有格式化参数，那么输出按照默认设置进行
39	truncatewords	{{value|truncatewords:2}}	将 value 进行单词截取处理，参数 2 代表截取前两个单词，此过滤器只可用于英文截取
40	upper	{{value|upper}}	转换一个字符串为大写形式
41	urlencode	{{value|urlencode}}	将字符串进行 URLEncode 处理

序号	内置过滤器	使 用 形 式	说　　　明
42	urlize	{{value|urlize }}	将一个字符串中的 URL 转化成可单击的形式,如果 value 是 Check out www. baidu. com,那么输出的将是 Check out < a href="http://www. baidu. com"> www. baidu. com </a>
43	wordcount	{{value|wordcount }}	返回字符串中单词的个数
44	wordwrap	{{value|wordwrap:5}}	按照指定长度分隔字符串
45	timesince	{{value|timesince:arg}}	返回参数 arg 到 value 的天数和小时数。如果 arg 是一个日期实例,表示 2023-06-01 午夜,而 value 表示 2023-06-01 早上 8 点,那么输出结果返回 "8 hours"
46	timeuntil	{{value|timeuntil }}	返回 value 距离当前日期的天数和小时数

4. 自定义模板标签

自定义模板标签实现数据反转功能,如"泸州职业技术学院"显示为"院学术技业职州泸"。

1)创建包和文件

在 kongfuzi 目录下创建 mydefined 包,在 mydefined 包下再创建子包 templatetags,在 templatetags 子包下创建 Python 文件 mytags. py。

2)配置 settings. py

为 kongfuzi/kongfuzi/settings. py 文件中的变量 INSTALLED_APPS 添加以下内容。

```
'mydefined'
```

3)编写 mytags. py 标签文件

文件中的内容如下。

```
1    from django import template
2    register = template.Library()
3    # 自定义类,继承 Node
4    class ReversalNode(template.Node):
5      def __init__(self,value):
6        self.value = str(value)
7      # 实现数据反转功能
8      def render(self, context):
9        try:
10         test = context.get(self.value)
```

```
11        return test[::-1]
12      except:
13        return self.raluc[::-1]
14  #注册标签
15  @register.tag(name = 'reversal')
16  def do_reversal(parse,token):
17    try:
18      tag_name,value = token.split_contents()
19    except:
20      raise template.TemplateSyntaxError("syntax")
21    return ReversalNode(value)
```

context.get(self.value)用于获取自定义模板标签中传递的参数,该参数可以是视图函数或视图类传递给模板的,把该参数作为 key 去查 context,获取到对应的值,然后用[::-1]进行字符反转。

4) 编写 test_mytags.html 模板页面

在 kongfuzi/templeates 目录下新建模板文件 test_mytags.html,并添加以下内容。

```
1  <!DOCTYPE html>
2  { % load mytags % }
3  < html lang = "en">
4    < head >
5      < meta charset = "UTF-8">
6      < title>自定义模板标签测试</title>
7    </head >
8    < body >
9      {{ test }}
10     { % reversal test % }
11   </body >
12  </html>
```

{% loadmytags %}为引用自定义模板标签,{% reversal test %}为使用自定义模板标签 resersal,其中 test 为视图函数传递的变量。

5) 定义 test 视图函数

在 kongfuzi/books/views.py 文件中定义以下视图函数。

```
1  def test(requests):
2    return render(requests,'test_mytags.html',context = {"test":"泸州职业技术学院"})
```

6) 配置 test 视图函数的路由信息

在 kongfuzi/kongfuzi/urls.py 文件中添加以下语句。

```
path("test/",test,name = 'test')
```

7) 测试自定义模板标签效果

启动 Web 服务器,打开浏览器,在地址栏输入 http://localhost:8000/test/,按 Enter 键,测试自定义模板标签功能。

5．自定义模板过滤器

该过滤器实现字符串替换功能。例如，过滤器参数为"泸职院：泸州职业技术学院"，则把字符串中所有的"泸职院"替换为"泸州职业技术学院"。

1）创建包和文件

方法同自定义模板标签，在 kongfuzi/mydefined/templatetags 目录下创建 Python 文件 myfilters.py。

2）配置 settings.py

同自定义模板标签。

3）编写 myfilters.py 过滤器

myfilters.py 文件中的内容如下。

```
1  from django import template
2  register = template.Library()
3  # 过滤器定义
4  @register.filter(name = 'replace')
5  def do_replace(value,args):
6     oldValue = args.split(":")[0]
7     newValue = args.split(":")[1]
8     return value.replace(oldValue,newValue)
```

4）编写 test_myfilter.html 模板页面

在 kongfuzi/templates 目录下创建模板文件 test_myfilter.html，并添加以下内容。

```
1   <! DOCTYPE html >
2   { % load myfilters % }
3   < html lang = "en">
4     < head >
5       < meta charset = "UTF - 8">
6       <title>自定义模板标签测试</title>
7     </head >
8     < body >
9       {{ test }}
10      < br/>
11      {{ test|replace:'泸职院:泸州职业技术学院' }}
12    </body >
13  </html >
```

5）定义 test2 视图函数

在 kongfuzi/books/views.py 文件中定义视图函数 test2，其内容如下。

```
1   def test2(requests):
2     return render(requests,'test_myfilter.html',context = {"test":"泸职院
      是四川双高建设学校"})
```

6）配置 test2 视图函数的路由信息

在 kongfuzi/kongfuzi/urls.py 文件中配置以下 URL 路径。

```
path("test2/",test2,name='test2')
```

7）测试自定义过滤器的效果

启动 Web 服务器，打开浏览器，在地址栏输入 http://localhost:8000/test2/，按 Enter 键，测试自定义过滤器功能。

任务 3.7　实现列表页基本功能

任务描述

本任务的重点是分页功能的使用，在视图函数中根据分页请求参数及 Paginator 类完成分页功能，同时向模板传递的数据还有图书分类数据。通过本任务的训练，可以让读者掌握分页参数的正确传递和获取，初步理解分页的原理，掌握分页类 Paginator 的使用。

列表页数据
查询和渲染

任务目标

能正确编写 books 视图函数。

能正确配置 books 路由信息。

能准确查询 Type 数据。

能正确获取分页请求参数。

能正确使用请求参数查询商品数据。

初步掌握 Paginator 类的使用。

任务实施

1. 编写 books 视图函数

在 kongfuzi/books/views.py 文件中，完成视图函数 books 的编写，相关代码如下。

```
1  from django.core.paginator import Paginator,PageNotAnInteger,EmptyPage
2  def books(request):
3      title = '商品列表'
4      classContent = 'commoditys'
5      #查询书籍类型表的 first 字段并去重
6      firsts = Type.objects.values('first').distinct()
7      #书籍分类的所有记录
8      typeList = Type.objects.all()
```

```
9      #获取请求参数
10     t = request.GET.get('t','') #分类记录的 id
11     s = request.GET.get('s','sold') #排序关键字,默认 sold
12     p = request.GET.get('p',1) #查询页码
13     n = request.GET.get('n','') #书籍名称
14     #根据 t、s、p、n 查询商品
15     books = Book.objects.all()
16     #筛选出指定分类的书籍
17     if t:
18         #查询分类记录 id 为 t 的第 1 条记录
19         types = Type.objects.filter(id = t).first()
20         books = books.filter(types = types.second)
21     #按照排序关键字进行排序
22     if s:
23         books = books.order_by(" - " + s) #降序排列
24     #筛选出指定书籍名称的数据,__contains 类似于模糊查找
25     if n:
26         books = books.filter(name__contains = n)
27     #把查询数据封装成分页对象,每页 6 条数据
28     paginator = Paginator(books,6)
29     try:
30         pages = paginator.page(p)
31     except PageNotAnInteger:
32         pages = Paginator.page(1) #传递页码非数字,则返回第 1 页
33     except EmptyPage:
34         pages = paginator.page(paginator.num_pages) #请求页码数据不存在,返回最后一页
35     return render(request, 'books.html',locals())
```

locals()函数用于把视图类中的所有变量传递到模板页面 books.html,通常在涉及大量参数传递时使用。

想一想,如果用户在浏览器地址栏输入 http://127.0.0.1:8000/books/?s=sss,或 http://127.0.0.1:8000/books/?t=sss,会出现什么样情况? 应该如何处理?

2. 编写 books.html 模板页面

在 kongfuzi/templates 目录下,新建模板文件 books.html,并添加以下内容。

```
1    <! DOCTYPE html >
2    < html lang = "en">
3      < head >
4        < meta charset = "UTF - 8">
5        < title > Title </title>
6        < style >
7          div{float: left;width: 50 % ;text - align: center;}
8        </style >
9      </head >
10     < body >
```

```
11        < div >
12         < h1 >总记录数</ h1 >
13         {{ books|length }}
14         < h1 >当前页的 6 条数据</ h1 >
15         { % for p in pages.object_list % }
16          < p >{{ p.name }}</ p >
17         { % endfor % }
18         < h1 >所有分页</ h1 >
19         { % for page in pages.paginator.page_range % }
20          {{ page }},
21         { % endfor % }
22         < h1 >当前页</ h1 >
23         {{ pages.number }}
24         < h1 >一级分类</ h1 >
25         { % for type in firsts % }
26          {{ type.first }}
27         { % endfor % }
28        </ div >
29        < div >
30         < h1 >所有分类</ h1 >
31         { % for type in typeList % }
32          < p >{{ type.first }} - >{{ type.second }}</ p >
33         { % endfor % }
34        </ div >
35       </ body >
36      </ html >
```

3. 测试列表页功能

启动 Web 服务器,打开浏览器,在地址栏输入 http://localhost:8000/books,按 Enter 键,测试 books 视图函数功能。

传递参数的测试路径为 http://localhost:8000/books/?t=32&s=price&p=2&n= 小学。

*任务 3.8 重构 books.html 列表页

任务描述

本任务重点是图书列表模板页面的正确编写,该页面包括左侧分类导航菜单、右侧顶部排序菜单、右侧中部图书信息以及右侧下部分页信息等。通过本任务的训练,可以强化读者对 HTML+CSS 的页面编写能力和 JavaScript 脚本编写能力,加深其理解模板页面和视图函数之间数据传递的机制,让其在视图函数中正确获取模板页面传递的参数,在模板页面正确获取、处理

列表页面 books. html 的编写

126

和显示视图函数传递的数据。

任务目标

掌握左侧分类树型列表的显示、展开和折叠。

掌握查询参数 t、s、n、p 的正确使用。

掌握过滤器 length 的使用。

掌握使用 p. img. url 获取图片地址。

掌握使用 pages. object_list 获取页面数据。

掌握 pages. paginator. page_range 的使用。

掌握 pages. number 的使用。

掌握 add 过滤器的使用。

掌握 pages. has_next 的使用。

掌握 pages. next_pagc_number 的使用。

掌握 pages. has_ previous 的使用。

掌握 pages. previous_page_number 的使用。

掌握 jquery 的 attr()、removeClass()、addClass()、siblings()、show()、hide()方法的使用。

任务实施

重新编写 kongfuzi/templates 下 books. html 文件源代码。本模板页面主要是块 content 和 script 的定义。块 content 部分包括左侧分类树型列表和右侧信息。分类列表树型结构的展开和折叠是使用 JS 控制。

左侧分类列表区域定义的相关代码如下。

```
1   < div class = "left - nav">
2     < div class = "title">所有分类</div>
3     < div class = "list - box">
4       { % for f in firsts % }
5         < dl >
6           < dt >{{ f.first }}</dt>
7           { % for t in typeList % }
8             { % if t.first == f.first % }
9               < dd >
10                < a href = "{ % url 'books' % }?t = {{ t.id }}
                  &n = {{ n }}">{{ t.second }}</a>
11              </dd>
12            { % endif % }
13          { % endfor % }
14        </dl>
15      { % endfor % }
16    </div>
17  </div>
```

右侧区域又包括 4 种信息,即排序方式选择、图书总数、图书列表和分页信息。每种排序方式通过 s 参数向视图函数 books 传递数据。相关代码如下。

```
1    < div class = "sort layui - clear">
2      < a { % if not s or s == 'sold' % } class = 'active'{ % endif % } href = "{ %
       url 'books' % }?t = {{ t }}&s = sold&n = {{ n }}">销量</a>
3      < a { % if s or s == 'price' % } class = 'active'{ % endif % } href = "{ % url
       'books' % }?t = {{ t }}&s = price&n = {{ n }}">价格</a>
4      < a { % if s or s == 'created' % } class = 'active'{ % endif % } href = "{ %
       url 'books' % }?t = {{ t }}&s = created&n = {{ n }}">新品</a>
5      < a { % if s or s == 'likes' % } class = 'active'{ % endif % } href = "{ % url
       'books' % }?t = {{ t }}&s = likes&n = {{ n }}">收藏</a>
6    </div >
```

右侧信息中图书总数的代码如下。

```
1    < div class = "prod - number">
2      < a href = "javascript:;">商品列表</a>
3      < span >></span >
4      < a href = "javascript:;">共{{ books|length }}本图书</a>
5    </div >
```

右侧信息中图书列表的代码如下。

```
1    < div class = "cont - list layui - clear">
2      { % for p in pages. object_list % }
3        < div class = "item">
4          < div class = "img">
5            < a href = "{ % url 'detail'p. id % }">
6              < img height = "280" width = "200" src = "{{ p.img.url }}">
7            </a>
8          </div >
9          < div class = "text">
10            < p class = "title">{{ p.name }}</p>
11            < p class = "price">
12              < span class = "pri">¥ {{ p.price|floatformat:2 }}</span >
13              < span class = "nub">{{ p. sold }}付款</span>
14            </p>
15          </div >
16        </div >
17      { % endfor % }
18    </div >
```

上述部分代码的作用说明如下。

{% for p in pages. object_list %}:迭代当前分页中的图书数据。

{{ p.img. url }}:获取图片的地址。

右侧分页信息的相关代码如下。

```
1   < div style = "text - align: center;">
2     < div class = "layui - box layui - laypage">
3       { % if pages. has_previous % }
4         < a href = "{ % url 'books' % }?t = {{ t }}&s = {{ s }}&n = {{ n }}&p =
          {{ pages. previous_page_number }}" class = "layui - laypage - prev">
          上一页</a >
5       { % endif % }
6       { % for page in pages. paginator. page_range % }
7         { % if pages. number == page % }
8           < span class = "layui - laypage - curr">
9             < em class = "layui - laypage - em"></em >
10            < em >{{ page }}</em >
11          </span >
12        { % elif pages. number|add:'- 1' == page or pages. number|add:"1"
          == page % }
13          < a href = "{ % url 'books' % }?t = {{ t }}&s = {{ s }}&n = {{ n }}&p =
          {{ page }}">{{ page }}</a >
14        { % endif % }
15      { % endfor % }
16      { % if pages. has_next % }
17        < a href = "{ % url 'books' % }?t = {{ t }}&s = {{ s }}&n = {{ n }}&p =
          {{ pages. next_page_number }}" class = "layui - lapage - next">
          下一页</a >
18      { % endif % }
19    </div >
20  </div >
```

上述部分代码的说明如下。

pages. has_previous 为判断前一页面是否存在；pages. has_next 为判断后一页面是否存在；pages. previous_page_number 为请求前一页面的页码；pages. next_page_number 为请求后一页的页码；pages. number 为当前页的页码；pages. paginator. page_range 为页码的范围；pages. number|add:'-1'中的 add 是过滤器，即页码减 1 操作；pages. number|add:"1"为页码加 1 操作。

script 代码块主要功能是完成左侧分类树型列表的展开与折叠。相关代码如下。

```
1   { % block script % }
2     < script >
3       $ (function () {
4         $ (".list - box dt").click(function () {
5           if( $ (this).attr("off")){
6             $ (this).removeClass("active").siblings('dd').show();
7             $ (this).attr("off","");
8           }else{
9             $ (this).addClass("active").siblings("dd").hide();
10            $ (this).attr("off",true);
11          }
12        });
13      });
14    </script >
15  { % endblock script % }
```

任务 3.9　实现详情页基本功能

任务描述

　　编写视图函数 details,通过图书 id 查询书籍详细信息,同时查询销售排行榜数据和书籍收藏信息。通过本任务的训练,可以巩固读者对 filter()、first()和 order_by()的使用。

详情页数据
查询和渲染

任务目标

　　巩固路由参数的传递和获取。

　　能根据 id 查询书籍详细信息。

　　查询热销书籍的前 5 条记录。

　　掌握从 request.session 中获取数据的方法。

任务实施

1. 编写 details 视图函数

在 kongfuzi/books/views.py 文件中编写视图函数 details。相关代码如下。

```
1   def details(request,book_id):
2     title = '图书介绍'
3     classContent = 'datails' #详情页面显示的关键样式类,与 main.css 中的定义对应
4     #查询指定 id 的记录
5     book = Book.objects.filter(id = book_id).first()
6     #查询销售前 5 数据,排除当前记录
7     items = Book.objects.exclude(id = book_id).order_by('-sold')[:5]
8     likesList = request.session.get('likes',[]) #获取收藏图书记录
9     likes = True if book_id in likesList else False #判断当前图书是否收藏
10    return render(request,'details.html',locals())
```

2. 编写 details.html 模板页面

在 kongfuzi/templates 目录下添加模板文件 details.html,并编写以下内容。

```
1   <!DOCTYPE html>
2   <html lang = "en">
3     <head>
4       <meta charset = "UTF - 8">
5       <title>{{ title }}</title>
6       <style>
```

```
7           div{float: left;width: 33 % ;text - align: center;}
8       </style>
9     </head>
10    < body >
11      < div >
12        < h1 >当前书籍</h1 >
13        < p >{{ books.id }}</p >
14        < p >{{ books.name }}</p >
15        < p >{{ books.author }}</p >
16        < p >{{ books.publishing_house }}</p >
17      </div >
18      < div >
19        < h1 >销售前 5 </h1 >
20        { % for item in items % }
21          < p >{{ item.name }}</p >
22        { % endfor % }
23      </div >
24      < div >
25        < h1 >{{ books.name }}是否收藏?</h1 >
26        < p >{{ likes }}</p >
27      </div >
28    </body >
29  </html >
```

3．测试详情页功能

启动 Web 服务器，打开浏览器，访问首页，从首页或列表页中单击任意一本书籍，测试详情页功能。

*任务 3.10 重构 details.html 详情页

任务描述

根据 Django 模板语法和 details 传递的数据，正确编写详情页，实现书籍基本信息、详细信息的正常显示和美化，实现热销书籍的正常显示和美化，正确处理收藏书籍和添加到购物车的功能。通过本任务的训练，可以强化读者使用 HTML、CSS、JavaScript 编写模板页面的能力。

details.html
模板的编写

任务目标

掌握视图函数返回 JSON 格式数据的方法。
掌握 onkeyup 和 onafterpaste 的事件处理，并能替换掉非法数据。
掌握 slice 过滤器的使用。

掌握 jquery 的 Ajax 调用视图函数的语法。

能使用 CSS 美化书籍基本信息、详细信息和热销书籍。

收藏书籍和添加到购物车单击事件的处理。

任务实施

1. collect 视图函数编写

在 kongfuzi/books/views.py 文件中定义视图函数 collect(在后续任务中再完善)。

```
1  from django.http import JsonResponse
2  def collect(request):
3      return JsonResponse({"result":"等完成"})
```

2. collect 路由配置

在 kongfuzi/kongfuzi/urls.py 文件中新增 URL 路由配置。

```
path('collect/',collect,name = 'collect')
```

3. details.html 模板重构

整个页面主要由块 content 和块 script 构成。

content 块由上部的导航、中部的书籍基本信息、下部的书籍信息三大部分构成。下部的书籍信息又由左侧的热销商品推荐和右侧的书籍详情构成。

顶部页面导航信息的相关代码如下。

```
1  < div class = "crumb">
2    < a href = "{ % url 'index' % }">首页</a>
3    < span >></span >
4    < a href = "{ % url 'books' % }">所有商品</a>
5    < span >></span >
6    < a href = "javascript:;">商品详情</a>
7  </div >
```

中部书籍基本信息的相关代码如下。

```
1  < div class = "product - intro layui - clear">
2    <!-- 左侧主图 -->
3    < div class = "preview - wrap">
4      < img height = "300" width = "300" src = "{{book.img.url}}"></img >
5    </div >
6    <!-- 右侧基本信息开始 -->
7    < div class = "itemInfo - wrap">
8      < div class = "itemInfo">
```

```
9          <!-- 商品名称和收藏 -->
10         < div class = "title">
11           < h4 >{{book.name}}</h4 >
12           { % if likes % }
13             < span id = "collect">
14               < i class = "layui - icon layui - icon - rate - solid"></i >
15               收藏
16             </ span >
17           { % else % }
18             < span id = "collect">
19               < i class = "layui - icon layui - icon - rate"></i >
20               收藏
21             </ span >
22           { % endif % }
23         </ div >
24         <!--图书简介 -->
25         < div class = "summary">
26           < p >
27             < span >参考价格</span >
28             < del >¥ {{book.price|floatformat:'2'}}</del >
29           </ p >
30           < p class = "activity">
31             < span >活动价格</span >
32             < strong class = "price">
33               < i >¥ </i >{{book.discount|floatformat:'2'}}
34             </ strong >
35           </ p >
36           < p >
37             < span >送     至</span >
38             < strong >
39               四川   泸州   龙马潭区
40             </ strong >
41           </ p >
42         </ div >
43         <!--图书属性 -->
44         < div class = "choose - attrs">
45           <!-- 选择数量 -->
46           < div class = "number layui - clear">
47             < span class = "title">数     量</span >
48             < div class = "number - cont">
49               < span class = "cut btn">- </span >
50               < input maxlength = "4" id = "quantity" value = "1"></input >
51               < span class = "add btn">+ </span >
52             </ div >
53           </ div >
54         </ div >
55         <!-- 添加购物车按钮 -->
56         < div class = "choose - btn">
```

```
57        < a class = "layui - btn layui - btn - primary purchase - btn">
58           < i class = "layui - icon layui - icon - cart"></ i>立即购买
59        </ a>
60        < a class = "layui - btn layui - btn - danger car - btn">
61           < i class = "layui - icon layui - icon - cart - simple"></ i>
            加入购物车
62        </ a>
63     </ div >
64    </ div >
65   </ div >
66   <!-- 右侧基本信息结束 -->
67  </ div >
```

以下代码用于判断键盘输入购买数量的合法性,如果只有一位字符且不是 $1\sim9$ 的数字,则替换为空;如果有两位及以上的字符且是非数字,则替换为空。

```
onkeyup = "if(this. value. length == 1){this. value = this. value. replace(/[^1 - 9]/g, '')}else
{this. value = this. value. replace(/\D/g, '')}"
```

以下代码功能与 onkeyup 一样,只是粘贴时做合法性校验。

```
onafterpaste = "if(this. value. length == 1){this. value = this. value. replace(/[^1 - 9]/g, '')}
else{this. value = this. value. replace(/\D/g, '')}"
```

下部左侧"热销商品推荐"的相关代码如下。

```
1   < div class = "aside">
2    < h4>热销商品推荐</ h4>
3    < div class = "item - list">
4      { % for item in items % }
5       < div class = "item">
6        < a href = "{ % url 'detail' item. id % }">
7          < img src = "{{item. img. url}}" height = "200" width = "280"></ img >
8        </ a>
9        < p >
10        < span title = "{{item. name}}"></ span>
11          { % if item. name|length > 15 % }
12            {{item. name|slice:":15"}}...
13          { % else % }
14            {{item. name}}
15          { % endif % }
16        < span class = "pric">¥{{item. discount|floatformat:
            "2"}}</ span>
17        </ p>
18       </ div>
19      { % endfor % }
20    </ div >
21   </ div >
```

item 查询当前销售量靠前的 5 条记录,排除当前页面详细介绍的书籍。以下代码是对书名太长的记录进行截取操作,使用过滤器 slice 截取前 15 个字符。

```
{{item.name|slice:":15"}}...
```

下部右侧"书籍详情"的相关代码如下。

```
1   < div class = "detail">
2     < h4 >详情</h4 >
3     < div class = "item">
4       < img src = "{{book.details.url}}" width = "800"></img >
5     </div >
6   </div >
```

"书籍详情"非常简单,只取书籍详细介绍的图片信息。在设计时并没有对"书籍详情"使用文字描述,而是使用了 FileField 类型。Book 模型中定义的该字段如下。

```
details = models.FileField("图书简介",upload_to = "static/details")
```

script 块的代码如下。

```
1   $ (function () {
2     //处理数量增加和减少
3     $ (".number - cont .btn").click(function () {
4       let num =  $ ("#quantity").val();
5       if( $ (this).hasClass("add")){
6         num++;
7       }else{
8         if(num > 1){
9           num -- ;
10        }
11      }
12      $ ("#quantity").val(num);
13    });
14    //处理手动输入非法字符
15    $ ("#quantity").keyup(function () {
16      let reg = /^[1 - 9][0 - 9] * $ /;                //正则表达式
17      if(!reg.test( $ (this).val())){
18        $ ("#quantity").val(1);
19      }
20    });
21    //当失败焦点时,判断数据是否合法,包括粘贴操作
22    $ ("#quantity").on("blur",function () {
23      let reg = /^[1 - 9][0 - 9] * $ /;
24      if(!reg.test( $ (this).val())){
25        $ ("#quantity").val(1);
26      }
27    });
28    //处理收藏
```

```
29      $("#collect").click(function () {
30        let url = "{% url 'collect'%}?id={{ book.id }}";
31        $.ajax({
32          url:url,
33          type:"get",
34          success:function (data,result) {
35            alert(data.result);
36            //样式处理
37            if(data.result == '收藏成功'){
38              $('#collect').find('i').removeClass('layui-icon-rate');       //取消样式
39              $('#collect').find('i').addClass('layui-icon-rate-solid');//添加样式
40            }else{
41              $('#collect').find('i').removeClass('layui-icon-rate-solid'); //取消样式
42              $('#collect').find('i').addClass('layui-icon-rate');         //添加样式
43            }
44          },
45          error:function (data,result) {
46            console.log(data)
47          }
48        });
49      });
50    });
51    //加入购物车
52    $('.layui-btn.layui-btn-danger.car-btn').on('click',function(){
53        console.log('ok');
54        var quantity = $('#quantity').val();
55        window.location = "{% url 'shopcart' %}?id={{book.id}}
          &quantity=" + quantity;
56    });
```

该段代码主要完成三大功能。

（1）处理图书数量的增加和减少，使用"＋"和"－"操作。

（2）添加到购物车，通过路由 shopcart 调用相应视图函数（在后续任务中完成），并传递商品 id 和购买数量两个参数。

（3）收藏商品，通过路由 collect 调用相应视图函数（在后续任务中完成），并传递商品 id 参数。

测试"收藏"功能，会弹出"待完成"提示框，因为使用 jQuery 的 Ajax 请求调用视图函数，所以地址栏并不会发生变化，仅从视图函数返回 JSON 格式的数据"待完成"。

测试"加入购物车"功能，浏览器地址栏变为类似以下的形式 http://localhost:8000/shopcart/?id=12&quantity=1，即调用 shopcart 路由，并传递"书籍 id"和"购买数量"两个参数，返回 shopcart 页面，因视图函数和页面都未全部编写完成，故仅返回"shopcart 页面"提示信息。

任务 3.11　购物车和收藏功能实现

任务描述

　　一个在线商品交易平台，购物车模块是一个基本的模块，收藏功能往往也是必备的功能。添加购物车和查看购物车功能，通常需要登录后才能使用，需要借助 Django 提供的权限管理为视图函数设置登录访问权限。通过本任务的训练，可以让读者掌握收藏功能和购物车功能的实现，同时掌握 F()函数、update()函数和 session 对象的正确使用。

购物车和收藏
功能的实现

任务目标

　　能正确编写实现收藏功能的视图函数 collect。

　　能正确编写实现购物车的视图函数 shopcart。

　　能正确为视图函数添加登录访问权限。

　　能正确借助 session 保存和获取数据。

　　能正确使用 F()函数和 update()函数更新数据。

　　能熟练编写 shopcart.html 模板页面。

任务实施

1. 编写 collect 视图函数

在 kongfuzi/books/views.py 文件中编写 collect 视图函数。相关代码如下。

```
1    def collect(request):
2        id = request.GET.get("id","")  # 获取书籍 id
3        result = {}
4        likes = request.session.get("likes",[])
         # 从 session 中取出所有收藏书籍的 id
5        if likes == None:
6          likes = []
7        if id:
8          if not int(id) in likes:
9              # 原来没有收藏，则添加收藏
10             Book.objects.filter(id = id).update(likes = F("likes") + 1)
11             result = {"result": "收藏成功"}
12             request.session['likes'] = likes + [int(id)]
              # 把当前 id 添加到收藏列表
13         else:
14             # 原来已收藏，则取消收藏
```

```
15      Book.objects.filter(id = id).update(likes = F("likes") - 1)
16      result = {"result": "取消收藏"}
17      request.session['likes'] = likes.remove(int(id))
        #把当前 id 从收藏列表移除
18   else:
19      result = {"result": "没有传递 id"}
20   return JsonResponse(result)
```

update()函数和 F()函数实现 likes 字段自增 1 操作。

session 中的 likes 用于保存当前用户收藏的记录,只要 session 没有过期,则数据一直保留。

2. 测试 collect 视图函数功能

在任意详情页面单击"收藏"按钮,如果是已经收藏过的书籍,会弹出"取消收藏"提示框;如果是未收藏过的书籍,会弹出"收藏成功"提示框,并且数据库表 books_book 的 likes 字段会增加 1。

收藏过的书籍在"收藏"前会显示红色实心五角星,未收藏过的书籍会在"收藏"前显示红色空心五角星。

3. 编写 shopcart 视图函数

在 kongfuzi/shopping/views.py 文件中编写 shopcart 视图函数。

```
1   from django.shortcuts import render, redirect
2   from django.http import HttpResponse
3   from django.contrib.auth.decorators import login_required
4   from books.models import *
5   from .models import *
6   # Create your views here.
7   #购物车视图函数,暂时使用内置的登录界面
8   @login_required(login_url = '/admin/login/?next = /shopcart/')
9   def shopcart(request):
10    title = '我的购物车'
11    classContent = 'shopcarts'
12    id = request.GET.get("id",'') #获取图书 id
13    quantity = request.GET.get("quantity",1) #购买数量
14    userID = request.user.id
15    #如果存在请求参数 id,则对模型 CartInfo 新增数据
16    if id:
17      cartinfolist = CartInfo.objects.filter(user_id = userid, book_id = id)
18      if len(cartinfoList) > 0:
19        cartinfo = cartinfoList.first()
20        cartinfo.amount = cartinfo.amount + int(quantity)
21        cartinfo.save()
```

```
22    else:
23        CartInfo. objects. creatcuser_id = userid, amount = quantity, book_id:id
24        return redirect('shopcart')
25    ♯查询当前用户的购物车信息
26    cart_infos = CartInfo. objects. filter(user_id = userID)
27    ♯从当前用户的购物车信息获取书籍 id 和购买数量
28    bookDic = {x. book_id:x. amount for x in cart_infos}
29    ♯从书籍 id 获取书籍详细信息
30    books = Book. objects. filter(id__in = bookDic. keys())
31    return render(request, 'shopcart. html', locals())
```

@login_required(login_url='/admin/login/?next=/shopcart/')：意味着该视图函数只有登录用户才可以访问,如果是非登录用户,则会跳转到系统默认的登录界面;/admin/login/是内置登录路由,添加参数 next=/shopcart/是让用户登录成功后回到购物车页面,否则会直接进入后台登录页面。

4. 编写 shopcart. html 模板页面

shopcart. html 模板的内容如下。

```
1    <! DOCTYPE html >
2    < html lang = "en">
3      < head >
4        < meta charset = "UTF - 8">
5        < title >{{ title }}</title >
6      </head >
7      < body >
8        < h1 >登录用户 id </h1 >
9        {{ userID }}
10       < h1 >书籍 id 和数量</h1 >
11       { % for book_id, book_amout in bookDic. items % }
12         {{ book_id }}:{{ book_amout }}
13       { % endfor % }
14       < h1 >书籍信息</h1 >
15       { % for book in books % }
16         {{ book. name }}
17       { % endfor % }
18     </body >
19   </html >
```

5. 测试 shopcart 视图函数功能

在任意详情页面单击"添加到购物车"按钮,如果用户没有登录则会自动跳转到后台登录页面,否则会跳转到 http://localhost:8000/shopcart/。

*任务 3.12 Session 和 Cookie

任务描述

Session 是在服务端保存的一个数据结构,用来跟踪用户的状态,如用户是否在线、是否具有某种权限等。在 Django 中,Session 的保存方式有数据库、文件、缓存、数据库及缓存、Cookie 5 种。而 Cookie 是客户端保存用户信息的一种机制,用来记录用户的一些信息,如记录用户的登录信息、记录用户的收藏信息等,也是实现 Session 的一种方式。通过本任务的训练,可以让学生理解 Session 和 Cookie 的运行机制,知道两者的区别和联系,初步掌握两者的基本配置。

Session 和 Cookie

任务目标

熟悉 SessionMiddleware 中间件的配置。

熟悉 SESSION_ENGINE 的 5 种配置方式。

熟悉 SESSION_COOKIE 的基本配置。

任务实施

1. Session 的配置

为了解决 HTTP 协议无状态的弊端,使用 Cookie 和 Session 技术。Cookie 保存在浏览器端,Session 保存在服务器端。

Django 默认开启了服务器端 Session 功能,而且数据默认保存在数据库中,表名为 django_session。

kongfuzi/kongfuzi/settings.py 中的默认配置如下。

```
'django.contrib.sessions.middleware.SessionMiddleware'
```

Session 保存数据的方式共有 5 种,可以通过 settings.py 配置以下其中任何一种方式或者什么也不配置(即使用第一种方式)。

```
1  #方式一：默认配置方式,不配置也是一样的
2  SESSION_ENGINE = 'django.contrib.sessions.backends.db'
3  #方式二：以文件形式保存
4  SESSION_ENGINE = 'django.contrib.sessions.backends.file'
5  SESSION_FILE_PATH = '/kongfuzi'#session 保存目录
6  #方式三：以缓存形式保存
7  SESSION_ENGINE = 'django.contrib.sessions.backends.cache'
```

```
 8   SESSION_CACHE_ALIAS = 'default'
 9   #方式四：缓存 + 数据库
10   SESSION_ENGINE = 'django.contrib.sessions.backends.cache_db'
11   #方式五：以 Cookie 形式保存
12   SESSION_ENGINE = 'django.contrib.sessions.backends.signed_cookies'
```

2. Cookie 的配置

Cookie 的配置代码如下。

```
 1   #配置 session_key 的键,默认为 sessionid,浏览器 Cookie 以键值对的形式保存数据表
     django_session 的 session_key
 2   SESSION_COOKIE_NAME = 'sessionid'
 3   #设置浏览器的 Cookie 生效路径,默认为"/",即 127.0.0.1:8000.如果部署到互联网,则域
     名和端口做相应变化
 4   SESSION_COOKIE_PATH = '/'
 5   #设置浏览器的 Cookie 生效域名
 6   SESSION_COOKIE_DOMAIN = None
 7   #设置传输方式,为 False,则使用 HTTP,否则使用 HTTPS
 8   SESSION_COOKIE_SECURE = False
 9   #设置是否只能使用 HTTP 协议传输
10   SESSION_COOKIE_HTTPONLY = True
11   #设置 Cookie 的有效期,默认时间为 2 周
12   SESSION_COOKIE_AGE = 1209600
13   #是否关闭浏览器,使得 Cookie 过期,默认值为 False
14   SESSION_EXPIRE_AT_BROWSER_CLOSE = False
15   #是否每次发送后保存 Cookie,默认值为 False
16   SESSION_SAVE_EVERY_REQUEST = False
```

更多配置可参见 Django 官网 https://docs.djangoproject.com/en/4.0/topics/http/sessions/。

任务 3.13 实现购物车功能

任务描述

根据 shopcart 视图函数返回的购物车数据和 Django 模板语法编写购物车模板页面。模板页面除了基本的 HTML 标签、CSS 样式表、Django 模板标签外,重点是 JavaScript 脚本的编写。本模板页面需要通过 JavaScript 脚本完成商品数量的增加和减少、单条记录的删除、所有记录的删除、总金额的计算和结算功能等。通过本任务的训练,可以强化读者对模板页面的编写能力,特别是使用 JavaScript 脚本操作页面元素的能力以及使用 Ajax 技术与服务端视图函数进行交互的能力。

购物车模板
页面的编写

141

任务目标

正确编写购物车模板页面,显示购物车商品信息。

正确编写脚本实现商品数量的增加和减少。

正确编写脚本实现单条记录的删除。

正确编写脚本实现所有记录的删除。

正确编写脚本计算总金额。

正确编写脚本实现结算功能。

任务实施

1. 编写 shopcart. html 模板页面

重新编写 kongfuzi/templates 下的 shopcart. html 的内容。此模板页面主要由 content 块和 script 块组成。content 块又由 banner 背景图以及购物车列表表头、表体和表尾组成。

banner 背景图的相关代码如下。

```
1  < div class = "banner - bg w1200">
2    < h3 >清仓处理</h3>
3    < p >部分商品 3 折起</p>
4  </div >
```

购物车列表表头的相关代码如下。

```
1   < div class = "cart - table - th">
2     < div class = "th th - chk">
3       < div class = "select - all">
4         < div class = "cart - checkbox">
5           < input class = "check - all check" id = "allChecked"
              type = "checkbox" value = "true"/>
6         </div >
7         < label >   全选</label >
8       </div >
9     </div >
10    < div class = "th th - item">
11      < div class = "th - inner">
12        商品
13      </div >
14    </div >
15    < div class = "th th - price">
16      < div class = "th - inner">
17        单价
18      </div >
19    </div >
```

```
20    < div class = "th th - amount">
21      < div class = "th - inner">
22        数量
23      </div >
24    </div >
25    < div class = "th th - sum">
26      < div class = "th - inner">
27        小计
28      </div >
29    </div >
30    < div class = "th th - op">
31      < div class = "th - inner">
32        操作
33      </div >
34    </div >
35  </div >
```

购物车列表表体的相关代码如下。

```
1   < div class = "OrderList">
2     < div class = "order - content" id = "list - cont">
3       { % for b in books  % }
4         < ul class = "item - content layui - clear">
5           < li class = "th th - chk">
6             < div class = "select - all">
7               < div class = "cart - checkbox">
8                 < input class = "CheckBoxShop check"
                    type = "checkbox" num = "all" name = "select - all"
                    value = "true"/>
9               </div >
10            </div >
11          </li >
12          < li class = "th th - item">
13            < div class = "item - cont">
14              < a href = "javascript:;">
15                < img src = "{{ b. img. url }}"/>
16              </a >
17              < div class = "text">
18                < div class = "title">{{ b. name }}</div >
19              </div >
20            </div >
21          </li >
22          < li class = "th th - price">
23            < span class = "th - su">{{ b. price }}</span >
24          </li >
25          < li class = "th th - amount">
26            < div class = "box - btn layui - clear">
27              < div class = "less layui - btn">-</div >
```

```
28              { % for k,v in bookDic. items % }
29                { % if b. id == k % }
30                  < input class = "Quantity - input"
                    value = "{{ v }}" disabled = "disabled">
31                { % endif % }
32              { % endfor % }
33              < div class = "add layui - btn"> + </div >
34            </div >
35          </li >
36          < li class = "th th - sum">
37            < span class = "sum"> 0 </span >
38          </li >
39          < li class = "th th - op">
40            < span class = "dele - btn">删除</span >
41            < p hidden = "hidden">{{ b. id }}</p >
42            < p hidden = "hidden">{{ userId }}</p >
43          </li >
44        </ul >
45      { % endfor % }
46    </div >
47  </div >
```

{% for b in books %}中的 books 为视图函数 shopcart 返回的购物车中书籍列表；{% for k,v in bookDic. items%}中的 bookDic 是视图函数 shopcart 返回的购物车中书籍 id 和对应数量的字典；{% if b. id==k %}匹配当前书籍的数量。

购物车列表表尾的相关代码如下。

```
1  < div class = "FloatBarHolder layui - clear">
2    < div class = "th th - chk">
3      < div class = "select - all">
4        < div class = "cart - checkbox">
5          < input type = "checkbox" class = "check - all check"
            name = "select - all" value = "true"/>
6        </div >
7        < label >
8            已选< span class = "Selected - pieces"> 0 </span >件
9        </label >
10      </div >
11    </div >
12    < div class = "th batch - deletion">
13      < span class = "batch - deletion">删除全部</span >
14      < p hidden = "hidden" id = "userId">{{ user. id }}</p >
15    </div >
16    < div class = "th Settlement">
17      < button class = "layui - btn" id = "settlement">结算</button >
18    </div >
19    < div class = "th total">
```

```
20      <p>应付:<span class = "pieces - total">0</span></p>
21    </div>
22  </div>
```

<p hidden＝"hidden" id＝"userId">{{ user.id }}</p>为隐藏登录用户的 id，即当删除全部商品时需要用的用户信息的 id。

script 块的代码如下。

```
1   {% block script %}
2    <script>
3      $(function () {
4        //计算总价和总件数
5        function total() {
6          let total_moncy = 0;
7          let total_num = 0;
8          $(".item - content").each(function () {
9            //判断是否选中,选中了才去计算
10           if( $(this).find(".CheckBoxShop").is(":checked")){
11             let price =  $(this).find(".th - su").text() * 1;
12             let num =  $(this).find(".Quantity - input").val() * 1;
13             let money =  (price * num).toFixed(2);
14             total_num += num;
15             total_money += money * 1;
16             $(this).find(".sum").text(money);
17           }
18         })
19         $(".Selected - pieces").text(total_num);
20         $(".pieces - total").text(total_money.toFixed(2));
21       }
22       //处理全选和取消全选
23       $(".check - all").click(function () {
24         if( $(this).is(":checked")){
25           //选中
26           $(".CheckBoxShop").each(function () {
27             $(this).prop("checked",true);
28           });
29         }else{
30           //取消选中
31           $(".CheckBoxShop").each(function () {
32             $(this).prop("checked",false);
33           });
34         }
35         //调用计算的函数
36         total();
37       });
38       $(".check - all").click();                 //触发自动点击复选框
39       //处理单个选中与取消选中
40       $(".CheckBoxShop").click(function () {
```

```
41        total();
42      });
43      //处理数量减少
44      $(".less").click(function () {
45        let num = $(this).
            parent().find(".Quantity-input").val() * 1;
46        if(num > 1){
47          num--;
48          $(this).parent().find(".Quantity-input").val(num);
49        }
50        total();                    //数量变了,重新计算
51      });
52      //处理数量增加
53      $(".add").click(function () {
54        let num = $(this).parent().
            find(".Quantity-input").val() * 1;
55        num++;
56        $(this).parent().find(".Quantity-input").val(num);
57        total();                    //数量变了,重新计算
58      });
59      //单条数据删除
60      $(".dele-btn").click(function () {
61        let that = this;
62        if(confirm("删除数据不能恢复,确定要删除吗?")){
63          let bookId = $(this).parent().find("p")[0].innerHTML;
64          let userId = $(this).parent().find("p")[1].innerHTML;
65          //alert(bookId + "," + userId);
66          //调用视图函数删除数据
67          $.ajax({
68            url:"/delete/",
69            type:"get",
70            data:{"bookId":bookId,"userId":userId},
71            success:function (data,status) {
72              if(data == "1"){
73                alert("删除成功");
74                $(that).parent().parent().remove();
75                //调用 total 重新计算
76                total();
77              }else{
78                alert("删除失败");
79              }
80            },
81            error:function (data,status) {
82              console.log(data);
83            }
84          });
85        }
86      });
```

```
87      //处理全部删除
88      $(".batch-deletion.btn.layui-btn").click(function () {
89        if(confirm("删除数据不能恢复,确定要删除吗?")) {
90          //alert($("#userId").text());
91          //调用视图函数删除数据
92          $.ajax({
93            url:"/delete/",
94            type:"get",
95            data:{"userId": $("#userId").text()},
96            success:function (data,status) {
97              if(data == "1"){
98                alert("删除成功");
99                $(".item-content").remove();
100               //调用 total 重新计算
101               total();
102             }else{
103               alert("删除失败");
104             }
105           },
106           error:function (data,status) {
107             console.log(data);
108           }
109         });
110       }
111     });
112     //结算
113     $("#settlement").click(function () {
114       let books = [];
115       //查找所有选中的书的 id
116       $(".CheckBoxShop").each(function () {
117         if( $(this).is(":checked")){
118           let bookid = 119. $(this).parent().parent().
                 parent().parent().find("li").last().
                 find("p").first().text();
119           books.push(bookid);
120         }
121       });
122       //alert(books);
123       if(books.length == 0){
124         alert("至少选择一本书");
125       }else{
126         //发送 Ajax,调用 save_session 把选择的书保存在 session 中
127         $.ajax({
128           url:"/save_session/",
129           data:{"books":books.join(",")},
130           type:"GET",
131           success:function (data,status) {
132             if(data == "1"){
```

```
133              //保存成功
134              let total = $(".pieces-total").text();
135              //跳转到支持视图函数
136              window.location = "/pay/?total=" + total;
137          }else{
138              alert("出错");
139          }
140      },
141      error:function (data,status) {
142          console.log(data);
143      }
144    });
145  }
146  });
147  });
148  </script>
149  {% endblock script %}
```

该 JavaSript 脚本主要实现了 4 项功能，即商品加 1 操作、商品减 1 操作、删除 1 件商品和删除全部商品。该脚本删除商品时使用了 Ajax 请求，删除单条数据和批量数据都是使用 delete 路由地址，但传递的参数不同。当删除单条记录时，传递的是 bookId 和 userId；当删除所有记录时，传递的是 userId。如果视图函数返回数据"1"，表示删除成功，弹出消息框"删除成功"，并通过 shopcart 路由地址跳转到 shopcart.html 模板页面。如果删除失败，弹出消息框"删除失败"，页面不跳转。

2. 编写 delete 视图函数

在 kongfuzi/shopping/views.py 文件中编写视图函数 delete，完成购物车数据的删除。代码如下。

```
1  def delete(request):
2    result = {"state":"fail"}
3    userId = request.GET.get("userId","")
4    trueUserId = request.user.id
5    bookId = request.GET.get("bookId","")
6    if userId and userId.isdigit() and int(userId) == trueUserId:
       #防止删除别人的数据
7      if not bookId:
8        r = CartInfo.objects.filter(user_id = userId).delete()
9        if r[0]>0:
10         result = {"state": "success"}
11     if bookId and bookId.isdigit():
12       r = CartInfo.objects.filter(user_id = userId,
         book_id = bookId).delete()
13       if r[0]>0:
14         result = {"state": "success"}
15    return JsonResponse(result)
```

3. 配置 delete 视图函数的路由地址

在 kongfuzi/kongfuzi/urls.py 文件中添加以下 URL 路由信息。

```
path("delete",delete,name = 'delete')
```

4. 编写 pays 视图函数

在 kongfuzi/shopping/views.py 文件中编写视图函数 pays,实现商品支付功能。代码如下。

```
1  def pays(request):
2      return HttpResponse("支付页面")
```

5. 测试购物车功能

启动 Web 服务,测试购物车中商品数量的增加和减少;测试购物车中单条商品的删除;测试购物车中所有商品的删除;测试"结算"功能页面的跳转。

任务 3.14 接入支付宝

任务描述

支付功能是在线交易平台必备的一项功能,而支付宝支付是在线交易平台的一种主流支付方式。支付宝为各种应用场景提供了完备的支付接口,有详细的接口文档和强大的服务支撑能力。在应用中集成支付宝的支付功能,安全性高、容易实现,但还是涉及一些安全领域的技术,如公钥、私钥等,同时接入步骤较多。通过本任务的训练,可以使读者初步掌握应用的接入流程及相关的支付接口,为下一个任务的实现奠定基础。

支付宝接入应用

任务目标

掌握支付宝接入的流程。
掌握支付宝沙箱应用接入的流程。
能实现支付宝支付功能。
掌握内网穿透工具的安装和使用。

任务实施

1. 创建网页应用开发项目

打开支付宝开放平台网页 https://open.alipay.com/,出现图 3-1 所示页面。

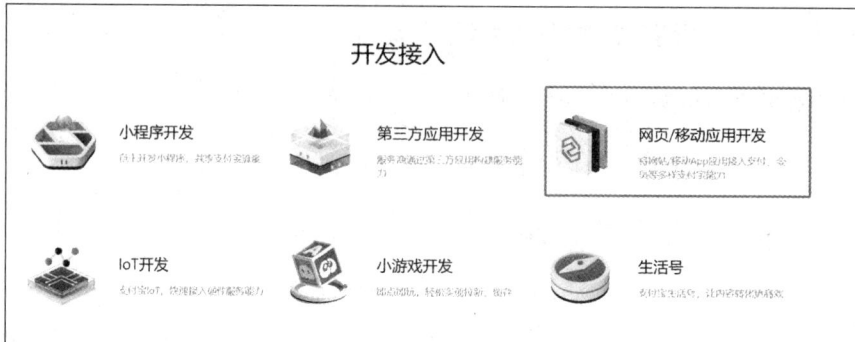

图 3-1 "网页/移动应用开发"接入入口

单击图 3-1 所示的"网页/移动应用开发"超级链接,进入图 3-2 所示页面。

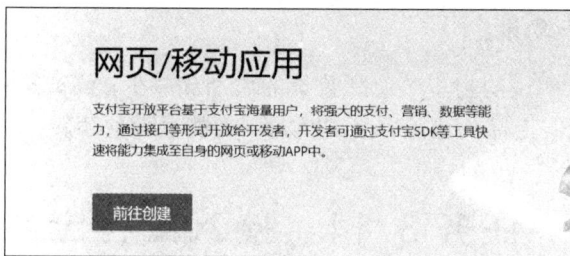

图 3-2 "网页/移动应用"接入入口

单击图 3-2 中所示的"前往创建"按钮,进入图 3-3 所示的页面。如果没有登录支付宝,会弹出登录界面,使用密码或支付宝 App 扫码即可登陆。

图 3-3 填写网页移动应用基本信息

应用名称为必填项,请填写一个与项目相关的名字,如"孔夫子在线交易系统";绑定商家账号为必填项,正确登录后,直接从下拉列表选择即可,个人账号和商家账号均可,商家账号可以使用的功能更多,二者的区别请查阅支付宝官方相关文档;应用图标为必填项,请上传一张与项目相关的图片即可,格式和要求参见图 3-3 中所示的提示信息;应用简介为可选项,建议根据应用的主要功能进行填写,如果暂时没有想好,也可以后续再补充填写;应用类型为必填项,请选择"网页应用";网址 url 为可选项,可暂时留空。所有信息填写完成后,单击图 3-3 所示的"立即创建"按钮,进入图 3-4 所示应用详情页面。

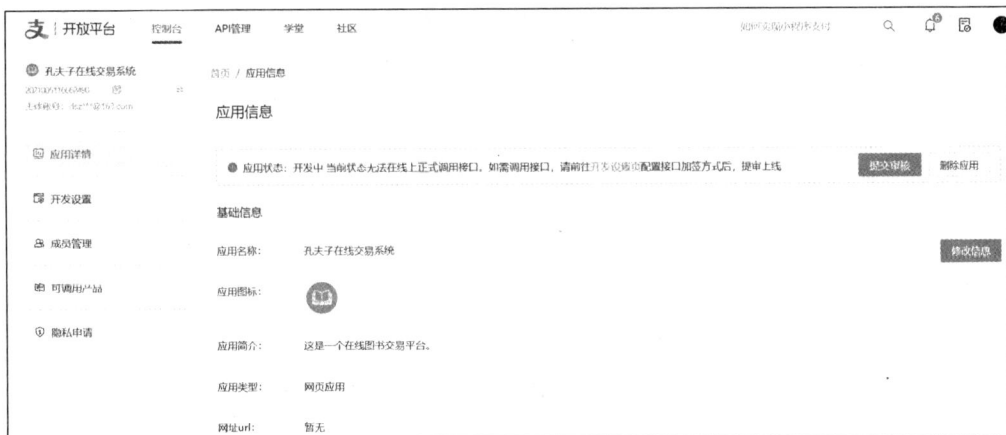

图 3-4　应用详情页面

2. 配置网页应用开发项目

单击图 3-4 所示的"开发设置"超级链接,进入图 3-5 所示的开发设置页面。

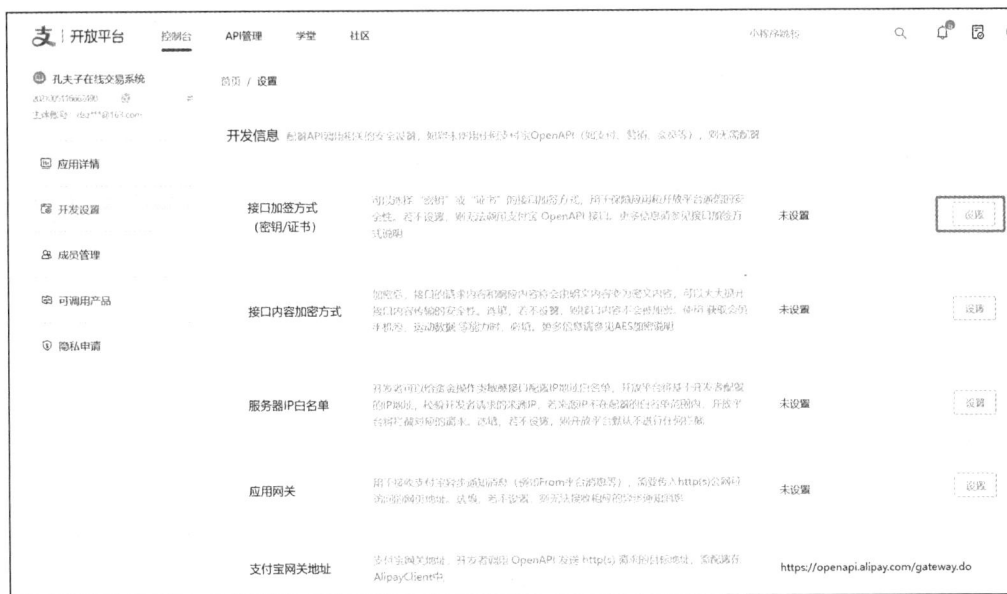

图 3-5　开发设置页面

必须对应用进行相关开发设置，才可以调用支付宝的支付接口。单击图 3-5 所示的接口加签方式"设置"按钮，弹出接口加签方式提示框，请阅读相关信息后，单击"确定"按钮，进入图 3-6 所示界面。

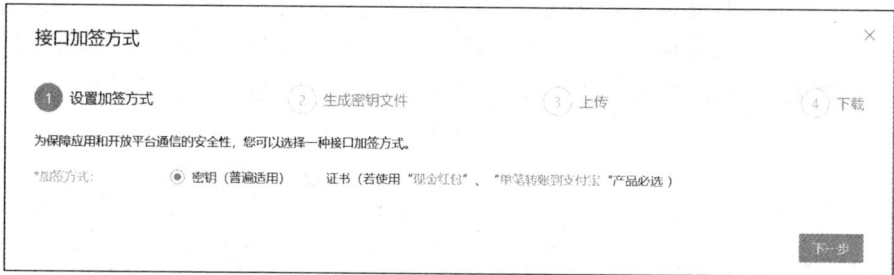

图 3-6　设置加签方式

本项目使用默认的"密钥"加签方式，单击"下一步"按钮，进入图 3-7 所示界面。

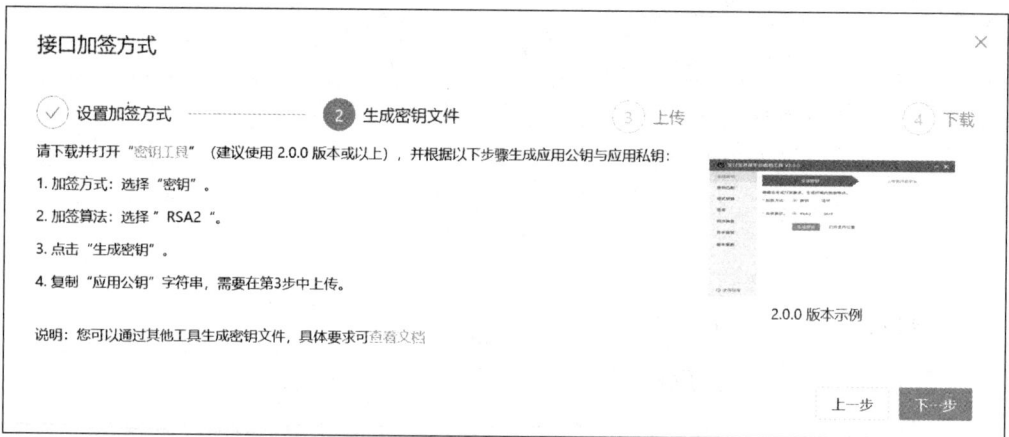

图 3-7　生成密钥文件

单击图 3-7 所示界面中的"密钥工具"超级链接，进入密钥工具介绍和下载界面，该页面网址为 https://opendocs.alipay.com/isv/02kipk，也可以直接打开该网址进行下载。下载并安装本任务使用的 Windows 系统对应的密钥工具。密钥工具界面如图 3-8 所示。

单击图 3-8 所示界面的"生成密钥"按钮，生成公钥和私钥。但 RSA2 加密算法默认生成格式为 PKCS8(Java 适用)，Django 项目需要使用图 3-8 所示界面中的"格式转换"功能进行密钥格式的转换。当然，还可以使用"密钥匹配"功能，对公钥和私钥进行匹配性验证。

生成好公钥和私钥，并对格式进行转换后，单击图 3-7 所示的"下一步"按钮，进入图 3-9 所示的上传应用公钥界面。

把前述生成并转换成适用于 Python 语言的应用公钥内容复制到图 3-9 所示的文本框，再单击图 3-9 所示的"确认上传"按钮，进入图 3-10 所示的手机短信验证界面。

在手机短信校验或支付宝密码校验成功后，进入图 3-11 所示的界面。

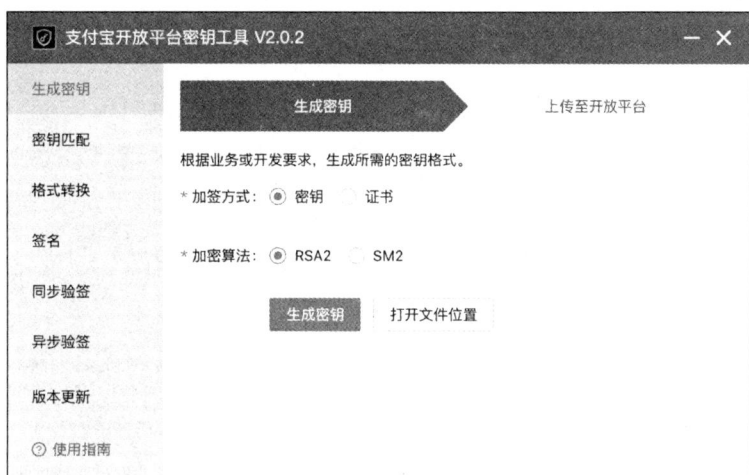

图 3-8 密钥工具界面

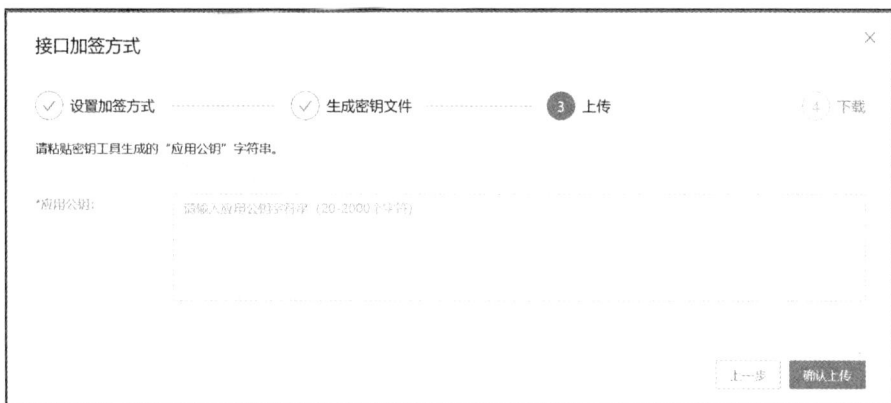

图 3-9 上传应用公钥

图 3-10 短信校验

单击图 3-11 所示界面的"下载支付宝公钥"按钮下载支付宝公钥或使用复制的方法复制支付宝公钥,以备后边编码调用支付宝接口所用。至此,支付宝相关配置完成。

图 3-11　支付宝公钥下载

3. 支付宝沙箱接口的使用

本应用使用支付宝沙箱接口进行支付接口的开发和测试。沙箱可以测试大多数支付接口功能而不需要签约。如图 3-12 所示,可以从页面底部的左下角找到"沙箱"入口,请滚动页面到最底部。

图 3-12　"控制台"界面及"沙箱"入口

单击图 3-12 所示的"沙箱"入口,出现图 3-13 所示的"沙箱应用"界面。

图 3-13　"沙箱应用"界面

图 3-13 所示的接口加签方式使用系统默认密钥,并启用公钥模式。注意,授权回调地址用于接收支付结果消息的接口地址,需要一个公网地址,不能是局域网地址(没有公网地址的,可以使用内网穿透工具,后边再做介绍)。单击图 3-13 所示的"沙箱账号"按钮,出现如图 3-14 所示的"沙箱账号"信息界面。

图 3-14　"沙箱账号"信息

沙箱账号是虚拟账号,账户余额也是一个虚拟的数据,可以进行虚拟充值和虚拟提现。

后续测试沙箱支付功能时,需要下载并安装"支付宝客户端沙箱版"。该 App 与实际支付宝的 App 不是同一个 App,而是一个精简化的 App,而且只能是虚拟支付。沙箱的详细使用和配置参见 https://opendocs.alipay.com/common/02kkv7。单击图 3-14 所示的"沙箱工具"按钮,出现如图 3-15 所示的"沙箱工具"界面。

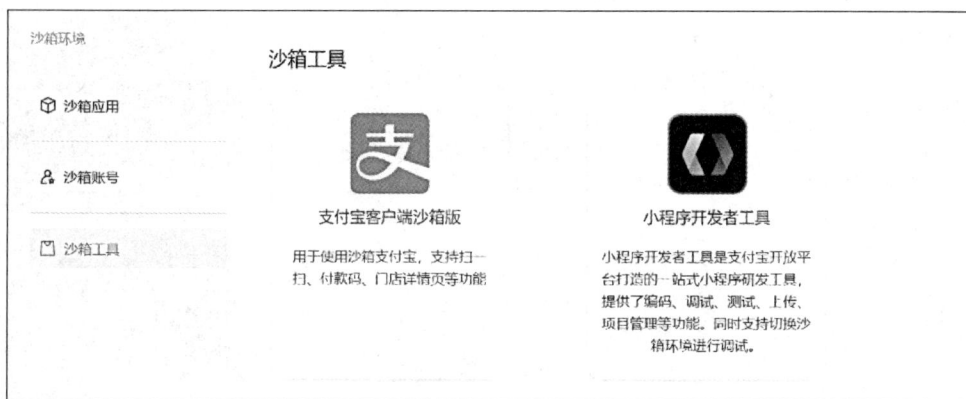

图 3-15 "沙箱工具"界面

4. 安装 alipay-sdk-python 包

接口参数查询参见 https://opendocs.alipay.com/apis/api_1/alipay.trade.page.pay。快捷支付签约情况参见 https://opensupport.alipay.com/support/codelab/detail/766/772?ant_source=opendoc。Python 示例参见 demohttps://opendocs.alipay.com/mini/02bzsr。在 PyCharm 终端窗口,使用以下命令安装支付宝软件开发工具包(software development kit,SDK):

```
pip install alipay-sdk-python
```

如果出现以下错误信息,说明需要安装 Microsoft Visual C++编译工具 14.0+版本。

```
error: Microsoft Visual C++14.0 or greater is required. Get it with "Microsoft C++Build Tools": https://visualstudio.microsoft.com/visual-cpp-build-tools/
```

在 Windows 平台安装 Microsoft Visual C++14.0 时,很多都以失败告终。最好下载 Visual Studio 2017+以上的版本进行完整安装。由于安装文件比较大,安装所需要的磁盘剩余空间也比较大,所以安装前应确保有足够的磁盘空间。下载地址为 https://visualstudio.microsoft.com/ zh-hans/downloads/,下载网页部分显示内容如图 3-16 所示。

Visual Studio 2022 安装界面如图 3-17 所示,安装时选择"使用 C++的桌面开发"进行安装即可。

图 3-16 下载 Visual Studio 2022 界面

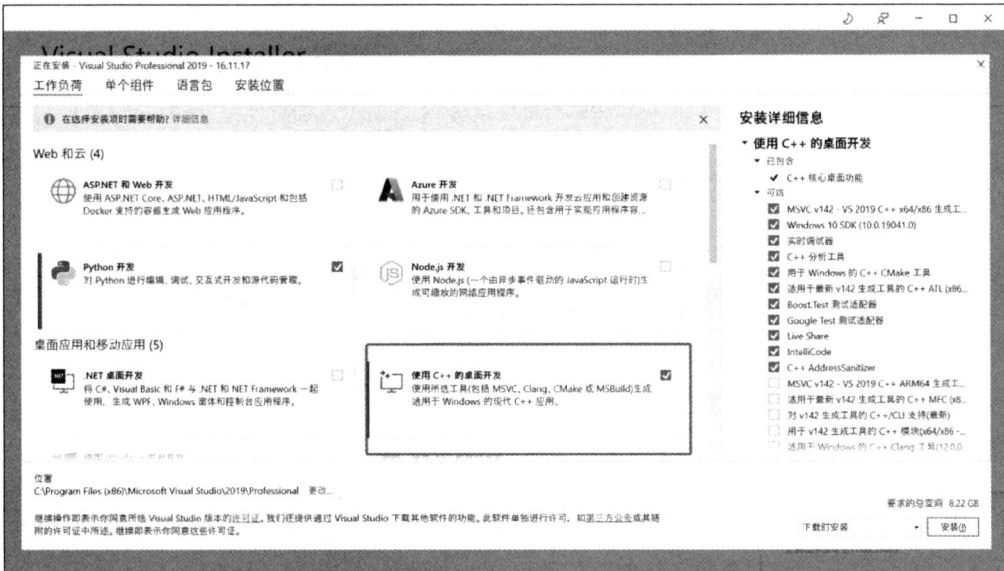

图 3-17 Visual Studio 2022 安装选项

Visual Studio 2022 安装完成后,再次执行 alipay-sdk-python 的安装如下。

```
pip install alipay-sdk-python
```

通过命令 pip show alipay-python 了解安装详细的信息如下。

```
Name: alipay-sdk-python
Version: 3.6.246
Summary: The official Aliyun SDK for Python.
Home-page: https://github.com/alipay/alipay-sdk-python-all
Author: antopen
Author-email: antopen@aliyun.com
License: Apache
Location: d:\django\kongfuzi\venv\lib\site-packages
Requires: pycryptodome, rsa
Required-by:
```

5. 使用 cpolar 进行内网穿透

cpolar 工具(不保证长期有效)的注册网址为 https://www.cpolar.com/。本实例使用免费套餐,登录成功后界面如图 3-18 所示,只需要按照图示的 4 个步骤操作即可。

图 3-18　cpolar 安装步骤

先执行完图 3-18 中所示前两步后,再复制第 3 步的命令到命令行提示符窗口中并执行命令,最后执行命令"cpolar http 8080"(本地 Django 服务端口不是 8080,请作相应改变)即可。执行成功后,出现图 3-19 所示的内网穿透结果。

图 3-19　cpolar 的内网穿透结果

由于是免费版 cpolar 工具,因此每次执行端口映射出现的域名都是变化的。命令执行后,稍等片刻并把映射的域名配置到 Django 的 settings.py 中即可进行访问。以下配置仅供参考,需以自己计算机中映射的结果为准。

```
ALLOWED_HOSTS = ["iamabird888.vaiwan.cn","127.0.0.1","localhost", "f2b055d.vip.cpolar.cn"]
```

6. 支付接口调用测试

示例代码可参见 https://opendocs.alipay.com/open/02no41。地址 https://openapisandbox.

dl. alipaydev. com/gateway. do 是支付宝的沙箱接口,供开发、调试阶段使用。https://
openapi. alipaydev. com/gateway. do 是支付宝的正式接口,供开发完成、上线前调试
使用。

修改后的模板代码如下。

```
1   import logging
2   from alipay. aop. api. AlipayClientConfig import AlipayClientConfig
3   from alipay. aop. api. DefaultAlipayClient import DefaultAlipayClient
4   from alipay. aop. api. domain. AlipayTradeCreateModel import
    AlipayTradeCreateModel
5   from alipay. aop. api. request. AlipayTradePagePayRequest import
    AlipayTradePagePayRequest
6   logging. basicConfig(
7       level = logging. INFO,
8       format = '% (asctime)s  % (levelname)s  % (message)s',
9       filemode = 'a', )
10  logger = logging. getLogger('')
11  # 实例化客户端
12  alipay_client_config = AlipayClientConfig()
13  alipay_client_config. server_url = 'https://openapi – sandbox. dl. alipaydev. com/gateway. do'
14  alipay_client_config. app_id = '网页应用的 ID,支付宝开发者平台的沙箱中查找'
15  # 应用私钥,去掉头、尾、回车符
16  alipay_client_config. app_private_key = '请修改成自己的应用私钥'
17  # 应用公钥,去掉头、尾、回车符
18  alipay_client_config. alipay_public_key = '请修改成支付宝的应用公钥'
19  client = DefaultAlipayClient(alipay_client_config, logger)
20  alipay_client_config. sign_type = 'RSA2'
21  client = DefaultAlipayClient(alipay_client_config, logger)
22  def get_pay(out_trade_no, total_amount, return_url):
23      # 创建 AlipayTradePagePayModel 对象
24      model = AlipayTradeCreateModel()
25      model. out_trade_no = out_trade_no                # 订单号
26      model. total_amount = total_amount                # 交易金额
27      model. subject = '测试'
28      model. body = '支付宝测试'
29      model. product_code = 'FAST_INSTANT_TRADE_PAY' # 固定类型
30      model. buyer_id = "请修改成买家的 id,在支付宝开发者平台的沙箱中查找"
31      # 创建 HTTP 请求对象
32      request = AlipayTradePagePayRequest(biz_model = model)
33      request. notify_url = return_url + '?t = ' + out_trade_no    # 接收返回信息的页面
34      request. return_url = return_url + '?t = ' + out_trade_no
35      # 执行 HTTP 请求
36      response = client. page_execute(request, 'GET')  # 使用 GET 请示调用支付宝支付接口
37      print(response)
38      return response
39  get_pay("20220717004", "88.00", "http://iamabird888. vaiwan. cn") # 第 3 个参数是支付宝
    接口调用后的回调地址,支付成功与失败的相关信息都通过该地址返回给应用,该地址是一
    个公网可调用的地址,可使用前边内网穿透中生成的临时地址
```

修改以上代码后,运行 pays.py,从控制台输出类似以下的信息。

```
https://openapi.alipaydev.com/gateway.do?timestamp = 2022 - 07 - 17 + 13 % 3A58 % 3A45&app_
id = 2021000118660514&method = alipay.trade.page.pay&charset = utf - 8&format =
json&version = 1.0&sign_type = RSA2&notify_url = http % 3A % 2F % 2Fiamabird888.vaiwan.cn %
3Ft % 3D20220717004&return_url = http % 3A % 2F % 2Fiamabird888.vaiwan.cn % 3Ft %
3D20220717004&sign =      YbaaxWnX3yONTvIcxyfejKUwGeqK2yH56wv %    2FC %  2BjNVmJIPkO5t %
2ForYfk1hZOHMVjUwp63pKSQLQz8jc % 2B4qYcEHL9pb5zUiLLBpw2wNlC1sWZrb % 2Bh4vzUSutzehaeAZFsY
16zq % 2FYUmDQSyUxCUkT1Nj47FkEUmbV % 2FUTZz8ha % 2BUEst6aW2soo12Zi30iEhxDQ6IBN8GYv7gYsCKO
APfXd5wH4d0Eb2fUDqOsF11oq2pktZRE82a8jfx40jDp61iGRFgfxFWpCJZpdqahHigKkUY % 2BfpQRKC89i13
Y5p1IgEoMJzwaoHq2zlcZdwsRclhfnHIcR9gX0BxRVf6nwfhSfPIOw % 3D % 3D&biz_content = % 7B %
22body % 22 % 3A % 22 % E6 % 94 % AF % E4 % BB % 98 % E5 % AE % 9D % E6 % B5 % 8B % E8 % AF % 95 % 22 %
2C % 22buyer_id % 22 % 3A % 222088622957327832 % 22 % 2C % 22out_trade_no % 22 % 3A %
2220220717004 % 22 % 2C % 22product_code % 22 % 3A % 22FAST_INSTANT_TRADE_PAY % 22 % 2C %
22subject % 22 % 3A % 22 % E6 % B5 % 8B % E8 % AF % 95 % 22 % 2C % 22total_amount % 22 % 3A % 2288.
00 % 22 % 7D
```

单击以上控制台输出的链接地址,打开图 3-20 所示的支付页面。通过浏览器支付,支付方式可用密码支付(沙箱支付密码默认为 6 个 1:111111)或支付宝沙箱 App(通过沙箱账号登录,与正常的支付宝 App 不同)扫码支付。

图 3-20   支付宝支付页面

单击图 3-20 所示的"订单详情"按钮,可出现如图 3-21 所示的订单详细信息。

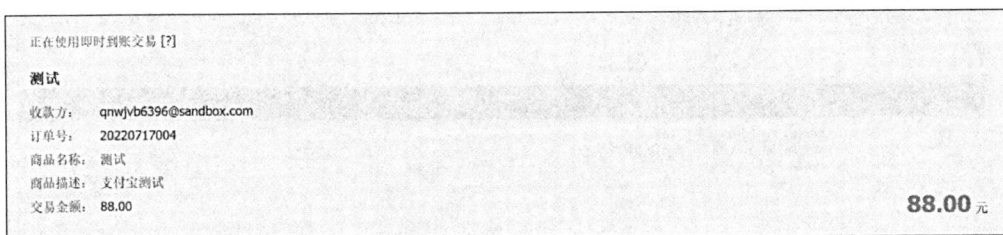

图 3-21　支付宝订单详情

在支付宝支付页面,输入正确密码或通过沙箱 App 扫码后,页面跳转到如图 3-22 所示的支付方式选择页面。

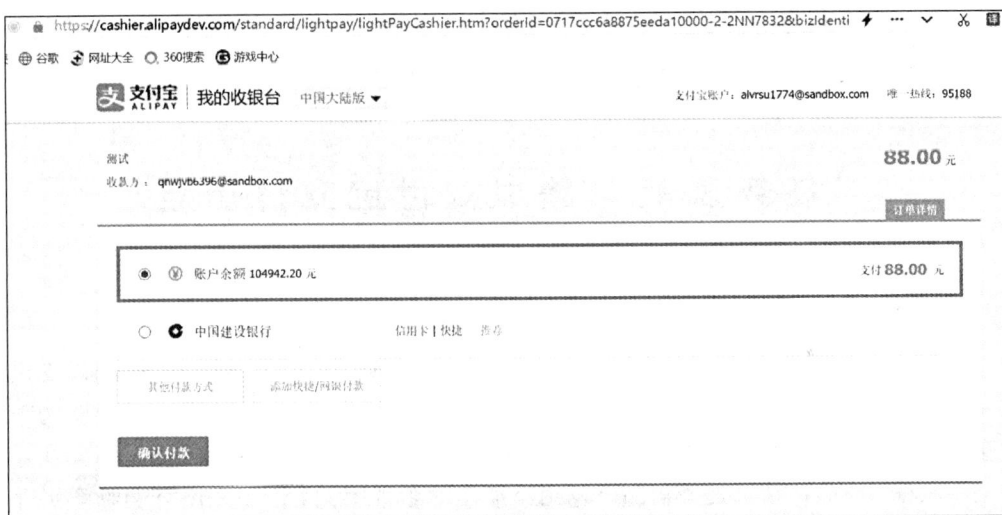

图 3-22　支付方式选择页面

选择正确的支付方式后,单击"确认付款"按钮,跳转到图 3-23 所示的支付成功页面。跳转的网址是在项目中预先指定的路径,类似于如下信息。

http://iamabird888. vaiwan. cn/?t = 20220717004&charset = utf − 8&out _ trade _ no = 20220717004&method = alipay. trade. page. pay. return&total_amount = 88. 00&sign = TiowQUgxbiMRddE % 2BfseyANgAB5juaCRrx1M5zqscHpyVoOC7PRPKXoR7ogprswCZr5OFDzeH7lOATc0wdYfBkPMAEETadTaz70mp 4SV4BiT % 2FqaiXwKVDCwi9Tyw % 2Bs9up06KlPIAxs3gF4lqT1gQ % 2FZ3DIW % 2FThrvdEurSNk0d97IdKg % 2FWG9zewmB8IKFbb5F3tReF % 2FJJ3g9VhjmKcRuHfUJ5egG1WGcUPYPoQF9eQ2R6O % 2FfSJ5GaZkoTGKVMb 6nYaey7XQDU7mTxoSn6TQ % 2FvnDEC % 2BfYDtzCHF2F6D % 2FBVPZitQP4Jp1NHfFFr2R % 2FTspGrWdHly MsieIsykDreuYgmMmuA % 3D % 3D&trade _ no = 20220717220014278305036634 76&auth _ app _ id = 2021000118660514&version = 1. 0&app _ id = 2021000118660514&sign _ type = RSA2&seller _ id = 2088621957261584&timestamp = 2022 − 07 − 17 + 14 % 3A10 % 3A26

通过支付宝客户端沙箱版 App 可以查询到交易记录。App 下载地址为 https:// open. alipay. com/develop/sandbox/tool。

图 3-23　支付成功页面

*任务 3.15　集成支付宝支付功能

任务描述

通过任务 3.14 的训练，读者已初步掌握了支付宝的注册流程、商家申请流程，支付接入流程，了解了相关接口的调用，完成了相关接口的接入测试。本任务需要完成购物车中商品的结算功能，借助支付宝沙箱应用进行虚拟结算，并把结算结果写入数据库。任务操作主要流程：商品详情页选择商品→调用添加购物车视图函数 shopcart→购物车页面结算（获取选择的商品→发送 Ajax 请求到视图函数 save_session→把选择商品写入session）→通过视图函数 pays 调用支付宝沙箱应用支付接口→支付成功后调用视图函数 shopper（获取 session 中的信息、记录订单信息、删除购物车数据）→返回个人中心shopper.html 页。通过本任务的训练，可以培养读者在应用中集成支付宝支付功能的实战能力。

任务目标

掌握结算功能视图函数的编写。
掌握获取 request 请求的参数信息。
掌握支付宝沙箱应用接口的调用。

任务实施

1. 编写 shopcart.html 模板页面脚本

在{% block script%}与{% end script%}之间添加以下内容。

```
1    $ (function () {
2      //计算总价和总件数
3      function total() {
4        let total_money = 0;
5        let total_num  = 0;
6        $ (".item - content").each(function () {
7          //判断是否选中,选中了才去计算
8          if( $ (this).find(".CheckBoxShop").is(":checked")){
9            let price =  $ (this).find(".th - su").text() * 1;
10           let num =  $ (this).find(".Quantity - input").val() * 1;
11           let money =  (price * num).toFixed(2);
12           total_num += num;
13           total_money += money * 1;
14            $ (this).find(".sum").text(money);
15         }
16       })
17       $ (".Selected - pieces").text(total_num);
18       $ (".pieces - total").text(total_money.toFixed(2));
19     }
20     //处理全选和取消全选
21     $ (".check - all").click(function () {
22       if( $ (this).is(":checked")){
23         //选中
24         $ (".CheckBoxShop").each(function () {
25           $ (this).prop("checked",true);
26         });
27       }else{
28         //取消选中
29         $ (".CheckBoxShop").each(function () {
30           $ (this).prop("checked",false);
31         });
32       }
33       //调用计算的函数
34       total();
35     });
36     $ (".check - all").click();                    //触发自动点击复选框
37     //处理单个选中与取消选中
38     $ (".CheckBoxShop").click(function () {
39       total();
40     });
41     //处理数量减少
42     $ (".less").click(function () {
43       let num =  $ (this).parent().find(".Quantity - input").val() * 1;
44       if(num > 1){
45         num -- ;
46         $ (this).parent().find(".Quantity - input").val(num);
47       }
48       total();                              //数量变了,重新计算
49     });
```

```
50      //处理数量增加
51      $(".add").click(function () {
52      let num = $(this).parent().find(".Quantity-input").val() * 1;
53      num++;
54      $(this).parent().find(".Quantity-input").val(num);
55      total();        //数量变了,重新计算
56      });
57      //单条数据删除
58      $(".dele-btn").click(function () {
59      let that = this;
60      if(confirm("删除数据不能恢复,确定要删除吗?")){
61      let bookId = $(this).parent().find("p")[0].innerHTML;
62      let userId = $(this).parent().find("p")[1].innerHTML;
63      //alert(bookId + "," + userId);
64      //调用视图函数删除数据
65      $.ajax({
66      url:"/delete/",
67      type:"get",
68      data:{"bookId":bookId,"userId":userId},
69      success:function (data,status) {
70      if(data == "1"){
71      alert("删除成功");
72      $(that).parent().parent().remove();
73      //调用 total 重新计算
74      total();
75      }else{
76      alert("删除失败");
77      }
78      },
79      error:function (data,status) {
80      console.log(data);
81      }
82      });
83      }
84      });
85      //处理全部删除
86      $(".batch-deletion.btn.layui-btn").click(function () {
87      if(confirm("删除数据不能恢复,确定要删除吗?")) {
88      //alert($("#userId").text());
89      //调用视图函数删除数据
90      $.ajax({
91      url:"/delete/",
92      type:"get",
93      data:{"userId":$("#userId").text()},
94      success:function (data,status) {
95      if(data == "1"){
96      alert("删除成功");
97      $(".item-content").remove();
98      //调用 total 重新计算
```

```
99              total();
100            }else{
101              alert("删除失败");
102            }
103          },
104          error:function (data,status) {
105            console.log(data);
106          }
107        });
108      }
109    });
110    //结算
111    $("#settlement").click(function () {
112      let books = [];
113      //查找所有选中的书的 id
114      $(".CheckBoxShop").each(function () {
115        if( $(this).is(":checked")){
116          let bookid = $(this).parent().parent().parent().
                parent().find("li").last().find("p").first().text();
117          books.push(bookid);
118        }
119      });
120      //alert(books);
121      //发送 Ajax,调用 save_session 把选择的书保存在 session 中
122      if(books.length == 0){
123        alert("至少选择一本书");
124      }else{
125        $.ajax({
126          url:"/save_session/",
127          data:{"books":books.join(",")},
128          type:"GET",
129          success:function (data,status) {
130            if(data == "1"){
131              //保存成功
132              let total = $(".pieces-total").text();
133              //跳转到支持视图函数
134              window.location = "/pay/?total=" + total;
135            }else{
136              //保存失败
137              alert("出错");
138            }
139          },
140          error:function (data,status) {
141            console.log(data);
142          }
143        });
144      }
145    });
146  });
```

2. 编写 save_session 视图函数

在 kongfuzi/shopping/views.py 文件中,添加视图函数 save_session,其代码如下。

```
1  @login_required(login_url = '/admin/login/?next = /save_session/')
2  def save_session(request):
3    books = request.GET.get("books","")
4    if books:
5      request.session['tmp_books'] = books.split(",")
6      return HttpResponse("1")
7    else:
8      return HttpResponse(" - 1")
```

3. 配置 save_session 视图函数的路由地址

在 kongfuzi/kongfuzi/urls.py 文件中,添加以下 URL 路由信息。

```
1  path("save_session",save_session,name = 'save_session')
```

4. 编写 pays 视图函数

在 kongfuzi/shopping/views.py 文件中,添加视图函数 pays,相关代码如下。

```
1  from .pays import get_pay
2  @login_required(login_url = "/admin/login/?next = /pays/")
3  def pays(request):
4    total = request.GET.get("total",0)                    # 获取支付金额
5    if total:
6      out_trade_no = str(time.time())
7      payInfo = dict(total = total,user_id = request.user.id,status =
       '已支付',create = out_trade_no)
8      request.session['payInfo'] = payInfo              # 使用 session 传递支付信息
9      request.session['payTime'] = out_trade_no         # 使用 session 传递支付时间信息
10     return_url = 'http://' + request.get_host() + "/shopper"
11     url = get_pay(out_trade_no,total,return_url)
12     return redirect(url)
13   else:
14     redirect("shoppcart")
```

5. 编写 shopper 视图函数

在 kongfuzi/shopping/views.py 文件中,添加视图函数 shopper,相关代码如下。

```
1  from django.core.paginator import Paginator
2  from django.core.paginator import PageNotAnInteger
3  from django.core.paginator import EmptyPage
4  from django.db.models import Q
```

```
 5  @login_required(login_url = "/admin/login/?next = /shopper/")
 6  def shopper(request):
 7      title = '个人中心'
 8      classContent = 'informations'
 9      p = request.GET.get("p",1)                          # 获取分页参数
10      t = request.GET.get("t",'')                         # 获取时间参数
11      payTime = request.session.get('payTime',"")         # 获取支付时间参数,该参数保存
        在 session 中
12      if t and payTime and t == payTime:
13          payInfo = request.session.get('payInfo','')     # 获取支付信息
14          Order.objects.create(** payInfo)                # 保存支付信息
15          del request.session['payTime']                  # 删除 session 中的支付时间信息
16          del request.session['payInfo']                  # 删除 session 中的支付信息
17          # 获取支付前选择的商品信息,并删除其记录
18          books = request.session.get('tmp_books',"")
19          if books != "":
20              if "," in books:
21                  ids = books.split(",")
22                  for id in ids:
23                      CartInfo.objects.get(Q(book_id = int(id)) &
                        Q(user_id = request.user.id)).delete()
24              else:
25                  id = books
26                  CartInfo.objects.get(Q(book_id = int(id))&Q(user_
                    id = request.user.id)).delete()
27              del request.session['tmp_books']            # 删除 session 中的信息
28      # 根据当前用户查的订单信息
29      orderInfos = Order.objects.filter(user_id = request.
        user.id).order_by(" - create")
30      paginator = Paginator(orderInfos,7)
31      try:
32          pages = paginator.page(p)
33      except PageNotAnInteger:
34          pages = paginator.page(1)
35      except EmptyPage:
36          pages = paginator.page(paginator.num_pages)
37      return render(request,'shopper.html',locals())
```

6. 编写 shopper.html 模板页面

编写 shopper.html 模板页面的代码如下。

```
1  {% extends 'base.html' %}
2  {% load static %}
3  {% block content %}
4      <div class = "info - list - box">
5          <div class = "info - list">
6              <div class = "item - box layui - clear">
7                  <!-- 个人信息开始 -->
```

```
8          < div class = "item">
9            < div class = "img">
10             < img src = "{ % static 'images/head. jpg' % }"/>
11           </div>
12           < div class = "text">
13             < h4 >用户：{{ user. username }}</h4>
14             < p class = "ldata">登录时间:{{ user. last_login }}</p>
15             < div class = "left - nav">
16               < div class = "title">
17                 < a href = "{ % url 'shopcart' % }">我的购物车</a>
18               </div>
19               < div class = "title">
20                 < a href = "/admin/logout/">退出登录</a>
21               </div>
22             </div>
23           </div>
24        </div>
25        <!-- 个人信息结束 -->
26        <!-- 订单信息开始 -->
27        < div class = "item1">
28          < div class = "cart">
29            <!--- 表头开始 -->
30            < div class = "cart - table - th">
31              < div >
32                < div class = "th - inner">
33                    订单编号
34                </div>
35              </div>
36              < div class = "th th - price">
37                < div >
38                    订单价格
39                </div>
40              </div>
41              < div class = "th th - amount">
42                < div class = "th - inner">
43                    购买时间
44                </div>
45              </div>
46              < div class = "th th - sum">
47                < div >
48                    订单状态
49                </div>
50              </div>
51            </div>
52            <!--- 表头结束 -->
53            <!-- 表体数据开始 -->
54            < div >
55                { % for p in pages. object_list % }
```

```
56              <ul class = "item - content layui - clear">
57                  <li class = "th th - item">{{ p.id }}</li>
58                  <li class = "th th - price">¥{{ p.
                    total|floatformat:'2' }}</li>
59                  <li class = "th th - amount">{{ p.create}}</li>
60                  <li class = "th th - sum">{{ p.status }}</li>
61              </ul>
62          { % endfor % }
63          </div>
64          <!-- 表体数据结束 -->
65          </div>
66      </div>
67      <!-- 订单信息结束 -->
68      </div>
69  </div>
70  <!-- 分页开始 -->
71  < div style = "text - align: center;">
72      < div class = "layui - box layui - paypage">
73          { % if pages.has_previous % }
74          < a href = "{ % url 'shopper:shopper' % }?p = {{ pages.
            previous_page_number }}" class = "layui - laypage - prev">
            上一页</a>
75          { % endif % }
76          { % for page in pages.paginator.page_range % }
77              { % if pages.number == page % }
78              < span class = "layui - laypage - curr">
79                  < em class = "layui - laypage - em"></em>
80                  < em >{{ page }}</em>
81              </span>
82              { % elif pages.number|add:'- 1' == page or pages.number|
                add:'1' == page % }
83              < a href = "{ % url 'shopper:shopper' % }?p = {{ page }}">
                {{ page }}</a>
84              { % endif % }
85          { % endfor % }
86      { % if pages.has_next % }
87          < a href = "{ % url 'shopper:shopper' % }?p = {{ poages.pages.
            next_page_number }}" class = "layui - laypage - next">下一页</a>
88      { % endif % }
89      </div>
90  </div>
91  <!-- 分页结束 -->
92  </div>
93  { % endblock content % }
94  { % block script % }
95  layui.config({
96      base:'{ % static 'js/' % }'
97  }).use(['mm','laypage'],function(){
98      var mm = layui.mm,laypage = layui.laypage;
99  });
100 { % endblock script % }
```

169

7. 测试支付功能

使用命令"cpolar http 8080"启动内网穿透工具，然后进行支付功能测试。支付成功后，会返回以下类似的信息。

http:// 77e945e4. r2. vip. cpolar. cn/shopper/?t = 1659063460. 467008&charset = utf − 8&out_trade_ no = 1659063460. 467008&method = alipay. trade. page. pay. return&total _ amount = 39. 80&sign = bMiBhrgyBQJNzVAYcxgfAlZRLAXHwUj359UrPNrswoLHxOCf3ulEAIdmhe % 2BWKFlPJ8 % 2BPkSzQ6XzSoCnZrj2kCOGUmTN6hJSpOWwbzRaGMnXmPunN8ylveFvQX2x0QMDvH653X % 2Fe13Ir7P8p3wCPDJ wwGVNK4 % 2Fsjp % 2Bjj7q90 % 2F2Krgm % 2FtfDsRVa7Y8XI1cvc % 2F % 2F4zvCp % 2B7isFc7N2QHEkt8c0 mXdieAGuDKHGFjp33qs % 2FjEojh03GshC6tjpzdevlvKF % 2FDFm4WyN2 % 2BXMJNSFDXtH9oYr % 2BuPfz9h YavxtqsE7wGcyhguGfBFXa0w % 2BSOWTSOFY2VFU % 2BDvL4HoM2a6wSO8cg % 3D % 3D&trade _ no = 2022072922001427830503670061&auth_ app _ id = 2021000118660514&version = 1. 0&app _ id = 2021000118660514&sign _ type = RSA2&seller_ id = 2088621957261584&timestamp = 2022 − 07 − 29 + 10 % 3A58 % 3A27

alipay. trade. pay(统一收单下单并支付页面接口)在计算机场景中下单并支付的公共请求参数如表 3-6 所列。

表 3-6 公共请求参数

参数	类型	是否必填	最大长度	描 述	示 例 值
app_id	String	是	32	支付宝分配给开发者的应用 ID	2014072300007148
method	String	是	128	接口名称	alipay. trade. page. pay
format	String	否	40	仅支持 JSON 格式	JSON
return_url	String	否	256	HTTP/HTTPS 开头字符串	https://m. alipay. com/Gk8NF23
charset	String	是	10	请求使用的编码格式，如 UTF-8、GBK、GB2312 等	UTF-8
sign_type	String	是	10	商户生成签名字符串所使用的签名算法类型，目前支持 RSA2 和 RSA，推荐使用 RSA2	RSA2
sign	String	是	344	商户请求参数的签名串	
timestamp	String	是	19	发送请求的时间，格式为 "yyyy-MM-dd HH:mm:ss"	2014-07-24 03:07:50
version	String	是	3	调用的接口版本，固定为 1.0	1.0
notify_url	String	否	256	支付宝服务器主动通知商户服务器里指定的页面 HTTP/HTTPS 路径	http://api. test. alipay. net/atinterface/receive_notify. htm
app_auth_token	String	否	40	详见应用授权概述	
biz_content	String	是		请求参数的集合，最大长度限。除公共参数外，所有请求参数都必须放在这个参数中传递，具体参照各产品快速接入文档	

alipay. trade. page. pay 在计算机场景中下单并支付的请求参数如表 3-7 所列。

表 3-7 请求参数

参数	类型	是否必填	最大长度	描　　述	示　例　值
out_trade_no	String	必选	64	商户订单号。由商家自定义,64 个字符以内,仅支持字母、数字、下画线且需保证在商户端不重复	20150320010101001
total_amount	Price	必选	11	订单总金额,单位为元,精确到小数点后两位,取值范围为 [0.01,100000000]。金额不能为 0	88.88
subject	String	必选	256	订单标题。注意:不可使用特殊字符,如 /、=、& 等	iphone 6 16G
product_code	String	必选	64	销售产品码,与支付宝签约的产品码名称。注:目前计算机支付场景下仅支持 FAST_INSTANT_TRADE_PAY	FAST_INSTANT_TRADE_PAY
qr_pay_mode	String	可选	2	扫码支付的方式。支持前置模式和跳转模式。前置模式是将二维码前置到商户的订单确认页的模式。需要商户在自己的页面中以 iframe 方式请求支付宝页面。具体支持的枚举值有以下几种: 0:订单码-简约前置模式,对应 iframe 宽度不能小于 600px,高度不能小于 300px; 1:订单码-前置模式,对应 iframe 宽度不能小于 300px,高度不能小于 600px; 2:订单码-跳转模式; 3:订单码-迷你前置模式,对应 iframe 宽度不能小于 75px,高度不能小于 75px; 4:订单码-可定义宽度的嵌入式二维码,商户可根据需要设定二维码的大小。 跳转模式下,用户的扫码界面是由支付宝生成的,不在商户的域名下。支持传入的枚举值有: ① 订单码-简约前置模式:0; ② 订单码-前置模式:1; ③ 订单码-迷你模式:3; ④ 订单码-可定义宽度的嵌入式二维码:4	1

参数	类型	是否必填	最大长度	描 述	示 例 值
qrcode_width	Number	可选	4	商户自定义二维码宽度。注：qr_pay_mode＝4 时该参数有效	100
goods_detail	GoodsDetail[]	可选		订单包含的商品列表信息，JSON 格式	
time_expire	String	可选	32	订单的绝对超时时间。格式为 yyyy-MM-dd HH：mm：ss。注：time_expire 和 timeout_express；两者只需传入一个或者都不传；两者均传入时，优先使用 time_expire	2016-12-31 10：05：01
sub_merchant	SubMerchant	可选		二级商户信息。直付通模式和机构间连模式下必传，其他场景下不需要传入	
extend_params	ExtendParams	可选		业务扩展参数	
business_params	String	可选	512	商户传入业务信息。具体值要和支付宝约定，应用于安全、营销等参数直传场景，格式为 JSON	{"data"："123"}
promo_params	String	可选	512	优惠参数。为 JSON 格式。注：仅与支付宝协商后可用	{"storeIdType"："1"}
integration_type	String	可选	16	请求后页面的集成方式。枚举值：① ALIAPP，支付宝钱包内② PCWEB，计算机端访问默认值为 PCWEB	PCWEB
request_from_url	String	可选	256	请求来源地址。如果使用 ALIAPP 的集成方式，用户中途取消支付会返回该地址	https：//
store_id	String	可选	32	商户门店编号。指商户创建门店时输入的门店编号	NJ_001
merchant_order_no	String	可选	32	商户原始订单号，最大长度为 32 位	20161008001
invoice_info	InvoiceInfo	可选		开票信息	

alipay. trade. page. pay 在计算机场景下单并支付的公共响应参数如表 3-8 所列。

表 3-8 公共响应参数

参数	类型	是否必填	最大长度	描 述	示 例 值
code	String	是		网关返回码	40004
msg	String	是		网关返回码描述	Business Failed
sub_code	String	否		业务返回码,参见具体的 API 接口文档	ACQ. TRADE_HAS_SUCCESS
sub_msg	String	否		业务返回码描述,参见具体的 API 接口文档	交易已被支付
sign	String	是		签名	DZXh8eeTuAHoYE3w1J＋POiPhfDxOYBfUNn1lkeT/V7P4zJdyojWEa6IZs6IIz0yDW5Cp/viufUb5I0/V5WENS3OYR8zRedqo6D＋fUTdLHdc＋EFyCkiQhBxIzgngPdPdfp1PIS7BdhhzrsZHbRqb7o4k3Dxc＋AAnFauu4V6Zdwczo＝

alipay. trade. page. pay 在计算机场景中下单并支付的响应参数如表 3-9 所列。

表 3-9 响应参数

参数	类型	是否必填	最大长度	描 述	示 例 值
trade_no	String	必选	64	支付宝交易号	2013112011001004330000121536
out_trade_no	String	必选	64	商户订单号	6823789339978248
seller_id	String	必选	28	收款支付宝账号对应的支付宝唯一用户号。以 2088 开头的 16 位数字	2088111111116894
total_amount	Price	必选	11	交易金额	128.00
merchant_order_no	String	必选	32	商户原始订单号,最大长度为 32 位	20161008001

更多参数可查阅 https://opendocs. alipay. com/open/028r8t?scene=22&. ref=api。

拓展阅读

一、侵犯商业秘密的部分相关法律条文

1.《中华人民共和国刑法》

（第二百一十九条［侵犯商业秘密罪］）　有下列侵犯商业秘密行为之一，情节严重的，处三年以下有期徒刑，并处或者单处罚金；情节特别严重的，处三年以上十年以下有期徒刑，并处罚金：

（一）以盗窃、贿赂、欺诈、胁迫、电子侵入或者其他不正当手段获取权利人的商业秘密的；

（二）披露、使用或者允许他人使用以前项手段获取的权利人的商业秘密的；

（三）违反保密义务或者违反权利人有关保守商业秘密的要求，披露、使用或者允许他人使用其所掌握的商业秘密的。

明知前款所列行为，获取、披露、使用或者允许他人使用该商业秘密的，以侵犯商业秘密论。

本条所称权利人，是指商业秘密的所有人和经商业秘密所有人许可的商业秘密使用人。

2.《最高人民检察院、公安部关于印发〈关于经济犯罪案件追诉标准的规定〉的通知》第六十五条

侵犯商业秘密、涉嫌下列情形之一的，应予追诉：

（一）给商业秘密权利人造成直接经济损失数额在五十万元以上的；

（二）致使权利人破产或者造成其他严重后果的。

3.《最高人民法院 最高人民检察院关于办理侵犯知识产权刑事案件具体应用法律若干问题的解释》第七条

实施刑法第二百一十九条规定的行为之一，给商业秘密的权利人造成损失数额在五十万元以上的，属于"给商业秘密的权利人造成重大损失"，应当以侵犯商业秘密罪判处三年以下有期徒刑或者拘役，并处或者单处罚金。

4.《中华人民共和国反不正当竞争法》第九条

经营者不得实施下列侵犯商业秘密的行为：

（一）以盗窃、贿赂、欺诈、胁迫、电子侵入或者其他不正当手段获取权利人的商业秘密；

（二）披露、使用或者允许他人使用以前项手段获取的权利人的商业秘密；

（三）违反保密义务或者违反权利人有关保守商业秘密的要求，披露、使用或者允许他人使用其所掌握的商业秘密；

（四）教唆、引诱、帮助他人违反保密义务或者违反权利人有关保守商业秘密的要求，获取、披露、使用或者允许他人使用权利人的商业秘密。

经营者以外的其他自然人、法人和非法人组织实施前款所列违法行为的，视为侵犯商

业秘密。

第三人明知或者应知商业秘密权利人的员工、前员工或者其他单位、个人实施本条第一款所列违法行为,仍获取、披露、使用或者允许他人使用该商业秘密的,视为侵犯商业秘密。

本法所称的商业秘密,是指不为公众所知悉、具有商业价值并经权利人采取相应保密措施的技术信息、经营信息等商业信息。

5. 最高人民法院《关于审理不正当竞争民事案件应用法律若干问题的解释》第十七条

确定反不正当竞争法第十条规定的侵犯商业秘密行为的损害赔偿额,可以参照确定侵犯专利权的损害赔偿额的方法进行;确定反不正当竞争法第五条、第九条、第十四条规定的不正当竞争行为的损害赔偿额,可以参照确定侵犯注册商标专用权的损害赔偿额的方法进行。

因侵权行为导致商业秘密已为公众所知悉的,应当根据该项商业秘密的商业价值确定损害赔偿额。商业秘密的商业价值,根据其研究开发成本、实施该项商业秘密的收益、可得利益、可保持竞争优势的时间等因素确定。

6.《中华人民共和国专利法》第七十一条

侵犯专利权的赔偿数额按照权利人因被侵权所受到的实际损失或者侵权人因侵权所获得的利益确定;权利人的损失或者侵权人获得的利益难以确定的,参照该专利许可使用费的倍数合理确定。对故意侵犯专利权,情节严重的,可以在按照上述方法确定数额的一倍以上五倍以下确定赔偿数额。

权利人的损失、侵权人获得的利益和专利许可使用费均难以确定的,人民法院可以根据专利权的类型、侵权行为的性质和情节等因素,确定给予三万元以上五百万元以下的赔偿。

赔偿数额还应当包括权利人为制止侵权行为所支付的合理开支。

二、华为技术有限公司简介

(信息来源:百度百科)

华为技术有限公司,成立于 1987 年,总部位于广东省深圳市龙岗区。华为是全球领先的信息与通信技术(ICT)解决方案供应商,专注于 ICT(information and communications technology,信息与通信技术)领域,坚持稳健经营、持续创新、开放合作,在电信运营商、企业、终端和云计算等领域构筑了端到端的解决方案优势,为运营商客户、企业客户和消费者提供有竞争力的 ICT 解决方案、产品和服务,并致力于实现未来信息社会、构建更美好的网联世界。

2017 年 6 月 6 日,2017 年 BrandZ 最具价值全球品牌 100 强年度排名公布,华为名列第 49 位。2018 年,中国 500 最具价值品牌排名中华为位居第 6 位。2018 世界品牌 500 强排名中,华为排名第 58 位。2019 年 7 月 22 日,美国《财富》杂志发布了最新一期的世界 500 强名单,华为排名第 61 位。2024 年 8 月 5 日,华为在《财富》公布的世界 500 强榜(企业名单)中排名第 103 位。

2018 年 2 月,沃达丰和华为完成首次 5G 通话测试。2019 年 8 月 9 日,华为正式发布鸿蒙系统;同年 8 月 22 日,2019 中国民营企业 500 强发布,华为公司以 7212 亿元的营收排名第一;同年 12 月 15 日,华为获得了首批"2019 中国品牌强国盛典年度荣耀品牌"的殊荣。

2020 年 11 月 17 日,华为技术有限公司整体出售荣耀业务资产。对于交割后的荣耀,华为不占有任何股份,也不参与经营管理与决策。

课后练习

一、选择题

1. 在 Django 框架中,关于视图 view 的说法正确的是(　　)。

    A. view 负责接收 HTTP 请求,并向 Web 客户端作出反馈

    B. 在 view 处理 HTTP 请求前,中间件可以对 HTTP 请求进行拦截

    C. 可以使用 require_POST 装饰器来限制一个 view,且只能被 POST 请求调用

    D. 一个 view 函数结束的时候代表一个 HTTP 请求立刻结束

2. 在 Django 项目中,(　　)不是路由映射的组成部分。

    A. 名称   B. 视图函数的路径

    C. 视图函数的调用   D. 匹配模式

3. 在 Django 模板文件中,要判断变量 x 的值大于 3 且小于 5,下面(　　)语句是正确的。

    A. {% if 3<x<5 %}   B. {% if x>3 and x<5 %}

    C. {% if (x>3) and x(<5) %}   D. {% if not (x<3 or x>5) %}

4. 在定义 Django 模型类时,字段名使用合法的是(　　)。

    A. __name__   B. pass

    C. def   D. age

5. Django 中使用(　　)关键字来加载其他模板文件。

    A. import   B. from

    C. using   D. include

6. 在 Django 项目中,属于 HttpRequest 属性的是(　　)。

    A. GET   B. POST   C. HEAD   D. META

二、简答题

1. Django 项目配置文件 settings.py 中的 STATIC_URL 与 STATIC_ROOT 选项有何区别?

2. 请问 Django 中的过滤器有何作用? 举两个例子进行说明。

3. Django 模板标签中的 include 标签和 extends 标签有何区别?

4. HTML 表单、Django 表单和模型表单之间有何区别?

5. 假设有如下模型类的定义:

```
from django.db import models
```

```
class subject_score(models.Model):
    subject = models.CharField(maxlength = 15)
    score = models.SmalllntegerField()
```

请设计一个使用该模型的模型表单。

6. 在 Django 项目中,启用 Admin 站点需注册哪些应用?

7. 在 Django 项目中,启用 Admin 站点需注册哪些中间件?

8. 假设 Django 项目中有一个名为 Practice 的应用,该应用中定义了一个名为 myData 的模型类。请问必须完成哪些设置才能在 Admin 站点中管理 myData 模型?

项目 3 习题参考答案

项目 4　项目部署与上线

任务 4.1　Windows(Apache＋mod_wsgi)部署

任务描述

Apache 是世界使用排名第一的 Web 服务器端软件。它可以运行在几乎所有的计算机平台上,由于其跨平台和安全性被广泛使用,是最流行的 Web 服务器端软件之一。

WSGI(Web Server Gateway Interface,Web 服务器网关接口)是一个统一的 Python 接口标准,该标准描述了 Python 应用如何与 Web 服务器通信,多个 Python 应用之间如何级联以处理请求。WSGI 的实现位于 Python 应用和 Web 服务器之间,从而支持将兼容的 Python 应用无缝部署到 Web 服务器上。

Apache HTTP 服务器的 mod_wsgi 扩展模块,实现了 Python WSGI 标准,可以支持任何兼容 Python WSGI 标准的 Python 应用。

通过本任务的训练,读者可以掌握在 Windows 平台,利用 Apache 和 mod_wsgi 部署 Django Web 的应用能力。

任务目标

掌握 Apache 服务器的正确配置。

掌握 Apache 服务器的正确安装。

掌握 mod_wsgi 的正确安装。

掌握 mod_wsgi 的正确配置。

掌握 Django 项目的正确配置。

任务实施

1. 下载 Apache 安装文件

Apache 官网下载地址为 http://httpd.apache.org/download.cgi。针对 Windows 平台,有多种安装包可供选择,本任务选择的是 ApacheHaus。

Apache 需要 Microsoft Visual Studio(以下简写为 Visual Studio)支持才能正常安装,如果 Windows 中没有安装 Visual Studio,可以从以上网页中下载 Visual Studio 16 或 Visual Studio 17 进行安装。

从不同网址下载的 Apache,安装配置方式可能略有不同。

下载完成后,解压 ApacheHTTPServer2433. zip 文件,得到 httpd-2. 4. 33-Win32-VC15. zip(Windows 32 位版本)和 httpd-2. 4. 33-Win64-VC15. zip(Windows 64 位版本)两个文件。根据 Windows 操作系统版本,再次解压其中一个文件即可。最后,复制整个 Apache24 到磁盘任意位置即可,如 C:\Apache24。Apache 目录 bin 下存放的是一些可执行文件,如 httpd. exe;conf 目录下存放的是配置文件 httpd. conf,可以配置 Apache 服务器的端口号等;htdocs 目录下存放的是 Apache 启动后的默认首页。

2. 配置 Apache 服务器

假设 Apache 服务放在 C:\Apache24 目录,用记事本打开 C:\Apache24\conf\httpd. conf 配置文件,做以下修改。

1) 修改 ServerRoot,配置 Apache 服务器根目录

搜索 ServerRoot,大约定位到 37 行,内容为“ServerRoot "C:/Apache24"”。如果配置与 Apache 实际位置不一致,修改为实际位置即可。

2) 修改监听端口,即以后服务器的 IP 和端口号

搜索 Listen,定位到大约 58 行,内容为 Listen 80。如果启动服务过程中有其他应用占用了 80 端口,可以在此处修改为其他端口号。还可修改监听的 IP 地址,原 57 行是一条注释语句,内容为“♯Listen 12.34.56.78:80”,参照格式进行配置即可。

3) 修改 ServerName,设置域名(IP)和端口号

搜索 ServerName,定位到大约 224 行,是一条注释语句,内容为“♯ServerName www. example. com:80”。参照第 224 行的注释语句,在第 225 行添加以下内容。

```
ServerName localhost:80
```

4) 配置 path 变量

把 C:\Apache24\bin 添加到 path 变量中,添加到用户变量和系统变量均可。

3. 安装 Apache 服务器并运行

1) 安装 Apache 服务器

以管理员身份在命令提示符窗口执行以下命令,把 Apache 服务添加到 Windows 系统服务中,随系统启动而启动。在 Windows 服务中可以设置 Apache 的启动方式为自动、手动或禁止。在命令提示符窗口中执行以下命令,安装 Apache 服务。

```
httpd - k install
```

2) 启动 Apache 服务器

以管理员身份进入命令提示符窗口执行以下命令,启动 Apache 服务。

```
httpd - k start
```

测试服务器,在浏览器地址栏输入 http://localhost/。网页输出“It works!”,表明安

装、配置、启动均正常。

3）停止 Apache 服务器

如果要停止 Apache 服务器，在命令提示符窗口执行以下命令即可。

```
httpd – k stop
```

4）重启 Apache 服务器

如果要重启 Apache 服务器，在命令提示符窗口执行以下命令即可。

```
httpd – k restart
```

5）卸载 Apache 系统服务

在命令提示符窗口执行以下命令，卸载 Apache 系统服务，其中 apache2.4 是系统服务中显示的名称。

```
sc delete apache2.4
```

4. 安装 mod_wsgi 包

下载 mod_wsgi 包的地址为 https://pypi.org/。选择的版本需要和 Apache 版本、Python 版本及操作系统架构等匹配。ap24 代表 Apache 版本为 2.4；vc14 代表 Visual Studio 2014；cp35 代表 Cpython 版本 3.5；win_amd64 代表 CPU（Central Processing Unit，中央处理器）为 64 位。需要根据自身的实际情况下载一个正确的版本。测试系统使用的 Python 3.8，操作系统为 64 位，所以选择了 mod_wsgi-4.9.2-cp38-cp38-win_amd64.whl。

将下载文件"*.whl"（如 mod_wsgi-4.9.2-cp38-cp38-win_amd64.whl）放入 Python 安装目录下的 Scripts 目录中。其实放任意目录都可以，只是后边在使用 pip 安装时添加上完整路径和文件名即可。

如果是 Windows 操作系统，在命令提示符窗口执行以下命令，查看 Python 安装的位置。

```
python
import sys
Sys.path
```

执行以上命令，查找到了 Python 安装的路径，本机为 D:\Program Files\Python38。最后把 mod_wsgi-4.9.2-cp38-cp38-win_amd64.whl 文件复制到 D:\Program Files\Python38\Scripts\下即可。

在命令提示符窗口定位到 D:\Program Files\Python38\Scripts\目录下，执行以下命令安装 mod_wsgi。

```
pip install "mod_wsgi – 4.9.2 – cp38 – cp38 – win_amd64.whl"
```

如果出现以下错误提示，表明下载的 mod_wsgi 版本与本机系统不匹配，需要重新下载一个正确的版本。

```
ERROR: mod_wsgi-4.9.2-cp38-cp38-win_amd64.whl is not a supported wheel on this platform.
```

如果安装正确,会出现以下类似提示信息(如果以前安装了,会先卸载后再安装)。

```
Installing collected packages: mod-wsgi
  Attempting uninstall: mod-wsgi
    Found existing installation: mod-wsgi 4.9.0
    Uninstalling mod-wsgi-4.9.0:
      Successfully uninstalled mod-wsgi-4.9.0
Successfully installed mod-wsgi-4.9.2
```

5. 配置 mod_wsgi

以管理员身份进入命令提示符窗口,并执行以下命令,配置 mod_wsgi。注意区别下画线和横线。

```
mod_wsgi-express module-config
```

配置完成后,输出类似以下的结果。

```
LoadFile "D:/Program Files/Python38/python38.dll"
LoadModule wsgi_module "D:/Program Files/Python38/lib/site-packages/mod_wsgi/server/mod_
wsgi.cp38-win_amd64.pyd"
WSGIPythonHome "D:/Program Files/Python38"
```

把以上 3 句话复制到 Apache 的 httpd.conf 配置文件的文末即可。

6. 配置 Django 项目

在 Apache 的 httpd.conf 配置文件最后添加以下配置信息。

```
#设置 Django 项目中的 wsgi 路径
WSGIScriptAlias / C:/kongfuzi/kongfuzi/wsgi.py
#设置 Django 项目路径
WSGIPythonPath C:/kongfuzi
#设置 wsgi 的路径
<Directory C:/kongfuzi/kongfuzi>
  <Files wsgi.py>
    Require all granted
  </Files>
</Directory>
#设置静态文件路径
Alias /static C:/kongfuzi/static
<Directory C:/kongfuzi/static>
  AllowOverride None
  Options None
```

```
    Require all granted
</Directory>
WSGIApplicationGroup % {GLOBAL}
```

启动 Apache 前,必须确保 PYTHONHOME 和 PYTHONPATH 环境变量已正确配置,而且必须是系统变量,不能是用户变量;否则会失败。变量的值为 Python 的安装根目录,比如测试机安装 Python 的根目录为 D:\Program Files\Python38,则两个环境变量的值都为 D:\Program Files\Python38。

如果出现错误信息,可以通过查看 Apache 的 logs 目录下的 error.log 日志文件,并结合其他信息进行综合分析。

7. 测试部署结果

在命令提示符窗口执行以下命令,先停止 Apache 服务,再启动 Apache 服务。

```
httpd - k stop
httpd - k start
```

通过浏览器访问 http://localhost,但页面给出需要 5.7 版本以上的 MySQL 才能正常运行的错误提示。在 PyCharm 集成开发环境中,创建项目时使用了版本为 5.6 的 MySQL,所以需要重新下载 MySQL 5.7,然后安装、配置和启动,重建数据库 kongfuzi,并导入 SQL 脚本文件 kongfuzi.sql。当再次刷新浏览器时,又提示错误信息“'datetime.date' object has no attribute 'utcoffset'”。经排查,模型类 Book 字段 created 为 DateTimeField 类型,但数据库表中使用的是 date 类型,修改数据库表 books_book 的字段 created 的类型为 datetime 字段。再次进行测试,结果显示正常。

*任务 4.2　Windows(IIS＋FastCGI)部署

任务描述

IIS(Internet information server,Internet 信息服务)作为当今流行的 Web 服务器之一,提供了强大的 Internet 和 Intranet 服务功能。IIS 通过超文本传输协议(HTTP)传输信息,还可配置 IIS 以提供文件传输协议(FTP)和其他服务,如网络新闻传输协议(NNTP)服务、电子邮件传输协议(SMTP)服务等。

FastCGI 实际上是增加了一些扩展功能的 CGI(common gateway interface,通用网关接口),是 CGI 的改进,描述了客户端和 Web 服务器程序之间传输数据的一种标准。

FastCGI 致力于减少 Web 服务器与 CGI 程序之间进行互动的开销,从而使 Web 服务器可以同时处理更多的 Web 请求。与 CGI 为每个 Web 请求创建一个新的进程不同,FastCGI 使用持续的进程来处理一连串的 Web 请求,这些进程由 FastCGI 进程管理器管理,而不是 Web 服务器。

通过本任务的训练,读者可以掌握在 Windows 下通过"IIS＋FastCGI"部署 Django 项目的能力。本任务的 IIS 是基于 Windows 10 操作系统的,如果是其他版本的操作系统,可查阅相关资料进行配置。

任务目标

掌握 IIS 的启用和配置方法。

掌握 FastCGI 的安装和配置方法。

掌握 Django 项目第三方库的安装方法。

掌握 Django 项目静态文件的处理方法。

掌握 IIS 下网站的添加、启动、配置方法。

能够查阅资料解决部署中遇到的问题。

任务实施

1. 启用 IIS 功能

1）选择"开始"菜单的"设置"

单击操作系统的"开始"菜单,选择并单击如图 4-1 所示的"设置"命令,进入如图 4-2 所示的选择"应用和功能"界面。

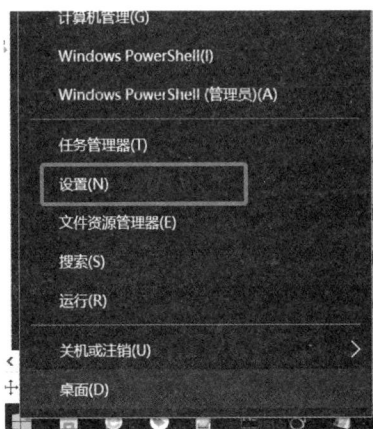

图 4-1   选择"设置"命令

图 4-2   单击"程序和功能"按钮

2）选择"应用和功能"

在"应用和功能"界面,单击右侧的"程序和功能"按钮,弹出如图 4-3 所示的"启用或关闭 Windows 功能"界面。

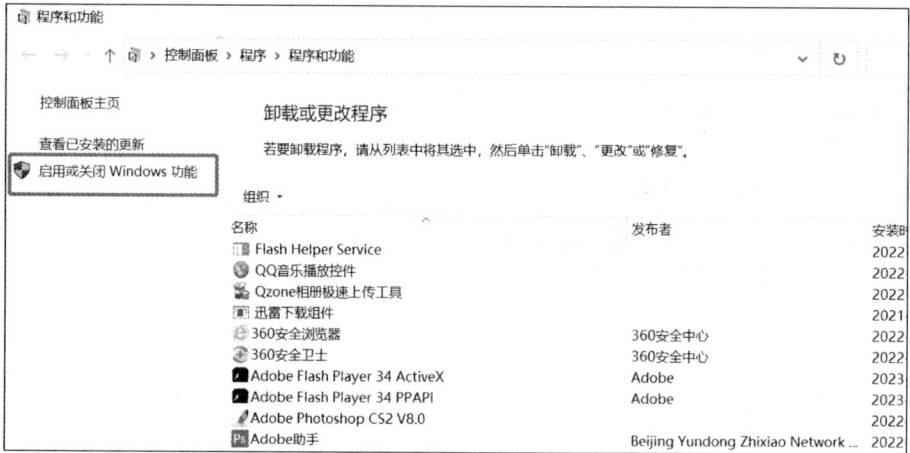

图 4-3　选择"启用或关闭 Windows 功能"

3）选择"启用或关闭 Windows 功能"

在"启用或关闭 Windows 功能"界面,选择"启用或关闭 Windows 功能"菜单项,进入图 4-4 所示界面。

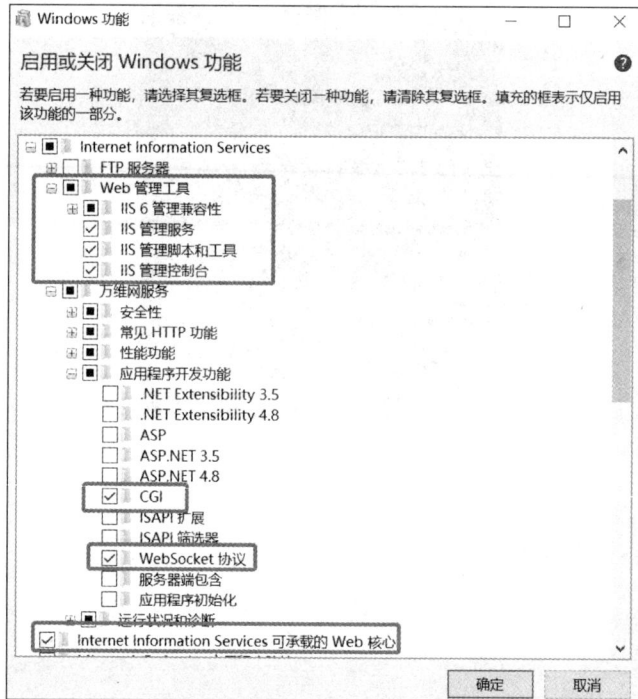

图 4-4　选择 IIS 相关功能

4）选中相关内容

Internet Information Services 下包含的配置较多，必须选中的选项有"Web 管理工具"下的所有项，"万维网服务"下的 CGI 项和"WebSocket 协议"项，以及"Internet Information Services 可承载的 Web 核心"项。选中后，单击"确定"按钮，启用 IIS 相关功能。

2. 配置和启动 IIS

1）选择"系统和安全"

找到 Windows 操作系统的控制面板，如图 4-5 所示，选择"系统和安全"选项，弹出"系统和安全"设置界面，如图 4-6 所示。

图 4-5　选择"系统和安全"选项

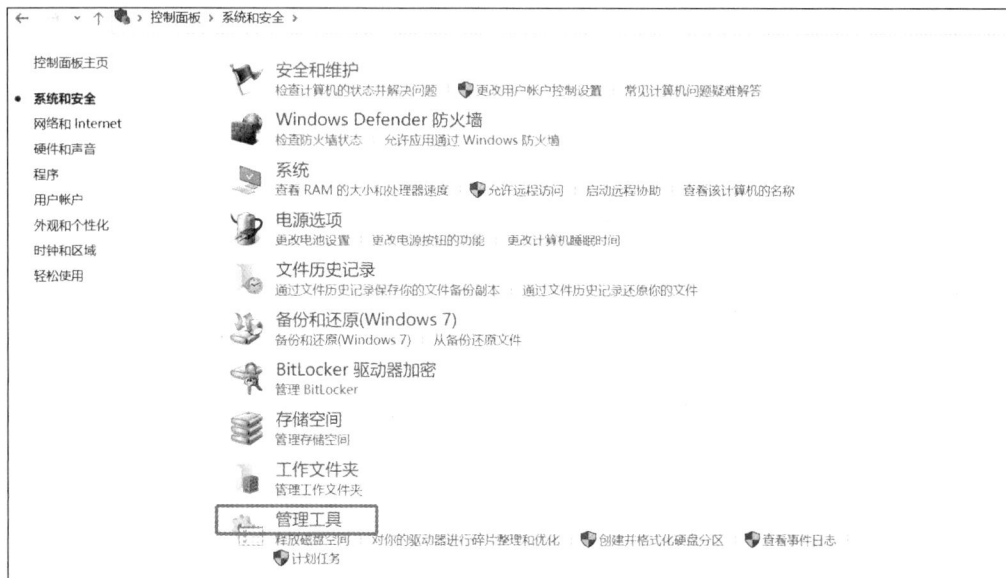

图 4-6　选择"管理工具"选项

185

2) 选择"管理工具"

在"系统和安全"界面,选择"管理工具"选项,弹出图 4-7 所示的"管理工具"界面。

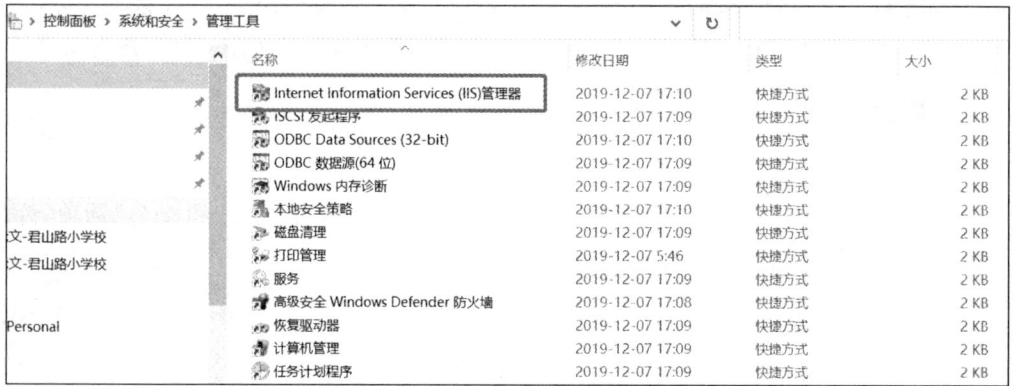

图 4-7 "管理工具"界面

3) 选择"Internet Information Services(IIS)管理器"

在"管理工具"界面选择"Internet Information Services(IIS)管理器"选项,弹出如图 4-8 所示的 IIS 服务器管理界面。

图 4-8 服务器管理界面

4) 启动 IIS 服务器

在服务器管理界面,检查 IIS 是否处于启动状态,如果是未启动状态,单击图 4-8 所示右上部的"启动"按钮启动即可。启动后,也可以单击"停止"按钮进行停止,还可单击"重新启动"按钮进行重启。

5) 启动 IIS 网站

从如图 4-9 所示窗口的左侧,选择 Default Web Site 选项,并检查右侧窗口中的"管理网站"是否处于"启动"状态；如果没有启动，单击"启动"按钮即可。和 IIS 服务器管理一样，也可以"停止"和"重新启动"网站。

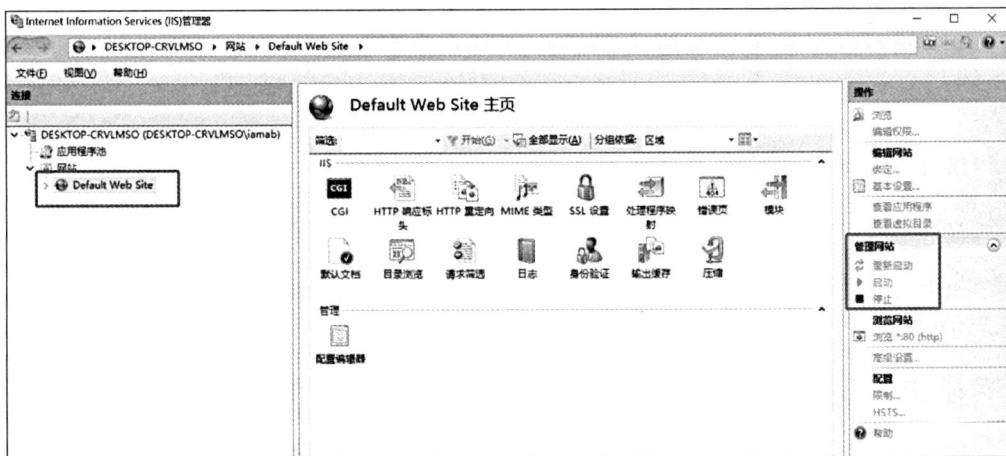

图 4-9　启动 IIS 网站

6）验证运行结果

通过浏览器访问 http://localhost，测试运行 IIS 配置和网站的运行情况。

3．准备部署环境

1）安装 wfastcgi

以管理员权限进入命令提示符窗口，并执行以下命令，安装 wfastcgi。

```
pip install wfastcgi
```

2）启动 wfastcgi

在执行完上条命令后，继续执行以下命令，启用 wfastcgi：

```
wfastcgi-enable
```

运行结果大致如下：

```
已经在配置提交路径"MACHINE/WEBROOT/APPHOST"向"MACHINE/WEBROOT/APPHOST"的"system.
webServer/fastCgi"节点应用了配置更改
""D:\Program Files\Python38\python.exe"|"D:\Program Files\Python38\lib\site-packages\
wfastcgi.py"" can now be used as a FastCGI script processor
```

记录下 wfastcgi.py 文件的路径。

3）复制 wfastcgi.py 到指定目录

复制 wfastcgi.py 文件到 C:\inetpub\wwwroot 目录下（启用 IIS 的默认目录）。同时复制 wfastcgi.py 文件到 Django 项目的根目录（本任务使用 kongfuzi 根目录）。

4）检查依赖库是否全部安装

以管理员身份进入命令提示符窗口，并定位到项目根目录下，如 C:\kongfuzi。然后

187

执行以下命令,把项目依赖的所有第三方库信息写入 requirements.txt 文件中:

```
pip freeze > requirements.txt
```

继续执行以下命令,安装项目依赖的所有第三方库:

```
pip install - r requirements.txt
```

执行以下命令,验证项目是否能启动:

```
python manage.py runserver
```

如果能正常启动,则在浏览器中通过 http://localhost:8000/进行验证。此步完成后,关闭命令提示符窗口。

4. 部署 Django 项目

1) 从"开始"菜单选择"Internet Informations Services(IIS)管理器"

单击系统"开始"菜单,从如图 4-10 所示的菜单中选择"Internet Informations Services(IIS)管理器"选项,进入如图 4-11 所示的 IIS 管理器界面。

图 4-10　调用 IIS 管理器

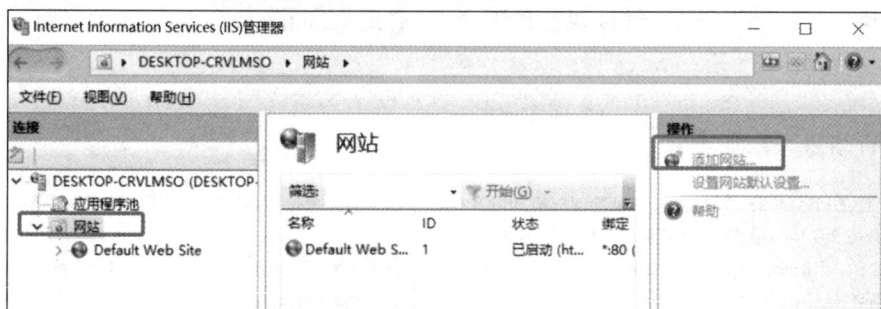

图 4-11　添加网站

2) 添加网站

在 IIS 管理器界面单击"添加网站"按钮,弹出如图 4-12 所示的"添加网站"界面。

3) 配置网站

在"添加网站"界面配置网站名称(如 kongfuzi),选择 Django 项目所在的磁盘路径,设置端口等,最后单击"确定"按钮,完成网站的添加。在 IIS 管理器界面左侧"网站"选项

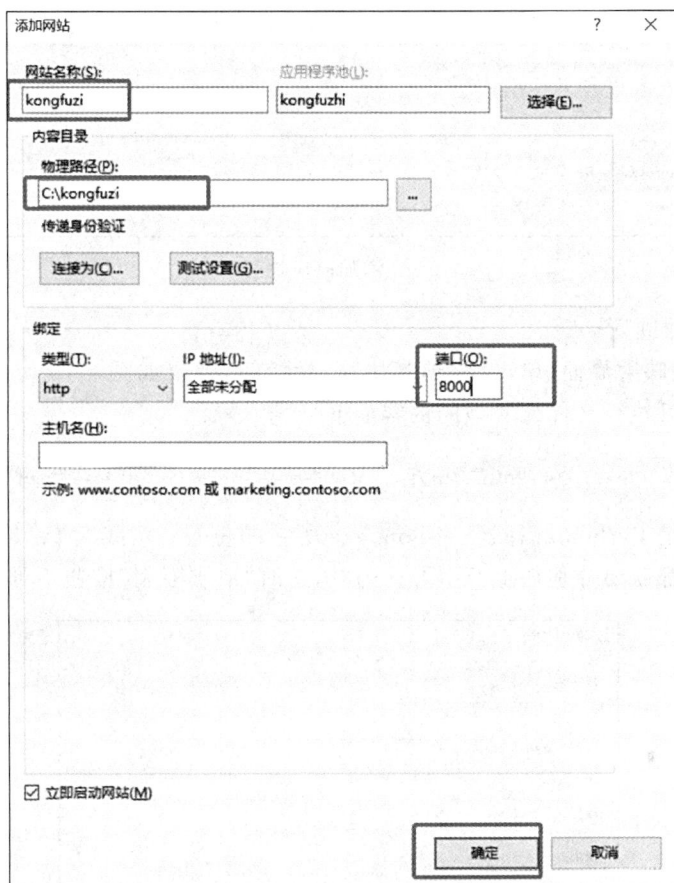

图 4-12　网站配置

下,会生成一个 kongfuzi 子选项。

4) 处理程序映射

选择 IIS 管理器界面左侧"网站"选项下的 kongfuzi 子选项,弹出如图 4-13 所示的配置界面。

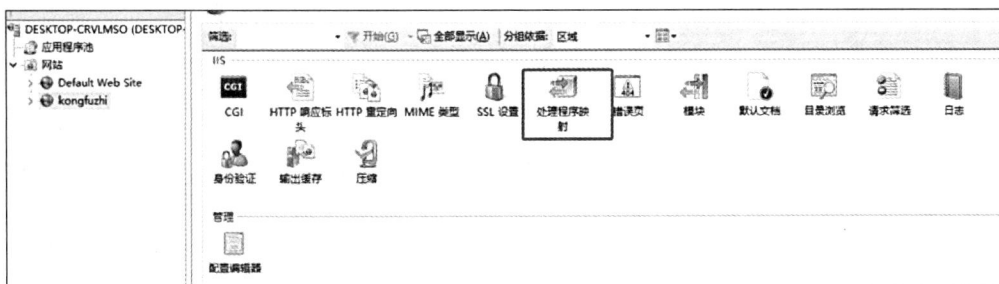

图 4-13　"处理程序映射"按钮

5) 添加模块映射

单击"处理程序映射"按钮,弹出如图 4-14 所示的"添加模块映射"界面。

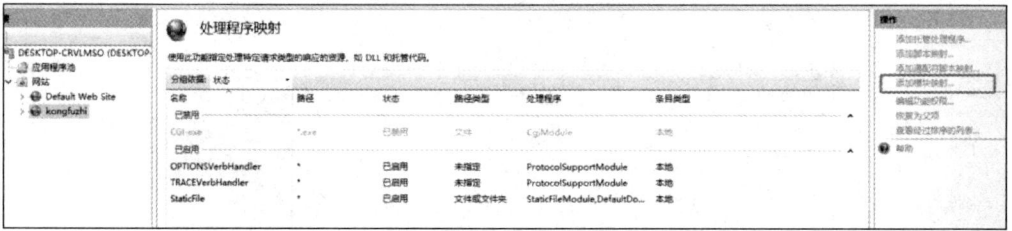

图 4-14 "添加模块映射"界面

6) 配置模块映射

在添加模块映射界面，单击"添加模块映射"按钮，弹出如图 4-15 所示的配置模块映射界面。其中，可执行文件配置项的内容如下。

```
"D:\Program Files\Python38\python.exe"|"C:\inetpub\wwwroot\wfastcgi.py"
```

竖线"|"前是 Python 解释器 python.exe 所在的位置；竖线"|"后是 wfastcgi.py 文件所在的位置，都需要分别加上双引号。另外，这时"请求限制"按钮不可用。

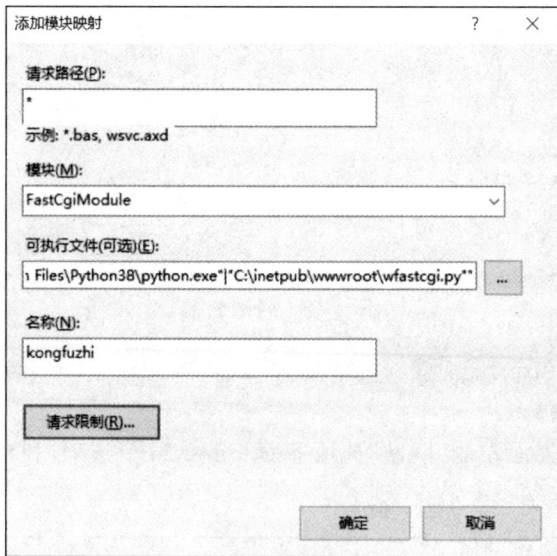

图 4-15 配置模块映射界面

7) 添加环境变量

在如图 4-16 所示的界面，单击"FastCGI 设置"按钮，弹出如图 4-17 所示的 FastCGI 设置界面。

双击图 4-17 中方框框出的条目（第 6 步配置的条件），弹出如图 4-18 所示的环境变量设置界面。

在图 4-18 所示环境变量设置界面，单击右侧的"…"按钮，弹出图 4-19 所示的界面。

在图 4-19 所示界面中单击"添加"按钮，进行 FastCGI 环境变量的设置，共需要设置 3 个变量，具体变量名、变量值如表 4-1 所列。

190

图 4-16　FastCGI 设置

图 4-17　"FastCGI 设置"界面

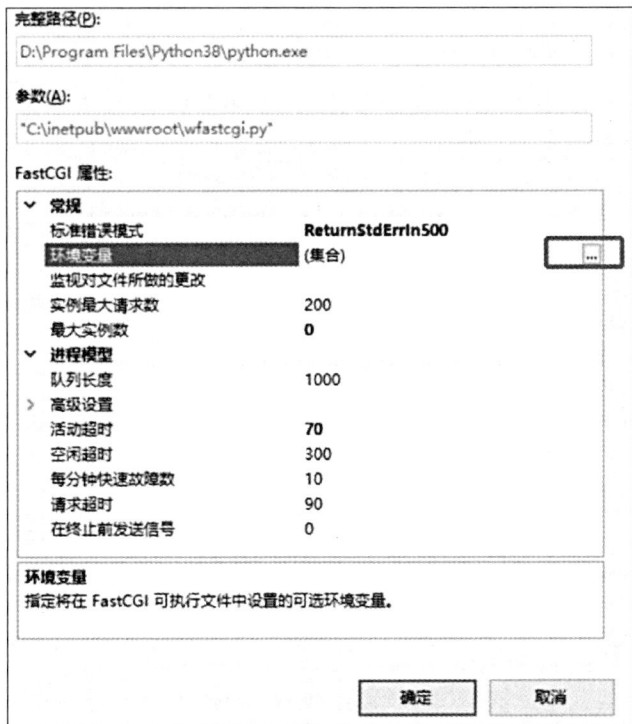

图 4-18　"环境变量设置"界面

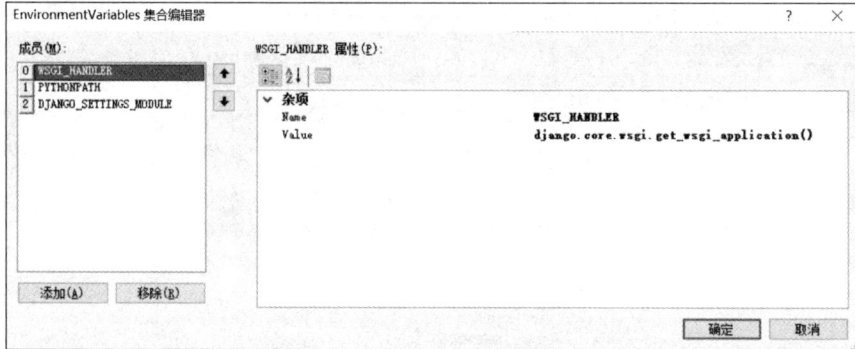

图 4-19　FastCGI 环境变量设置

表 4-1　FastCGI 环境变量设置

变 量 名	变 量 值	备 注
WSGI_HANDLER	django. core. wsgi. get_wsgi_application()	通过调用 get_wsgi_application()，可以得到一个 WSGI 接口函数的实现，通过它可以访问整个 Django 站点
PYTHONPATH	C:\kongfuzi	指定 Django 项目的根目录
DJANGO_SETTINGS_MODULE	kongfuzi. settings	指定 Django 项目的配置文件 settings. py 的位置

8) 处理静态文件

以管理员身份进入命令提示符窗口，定位到项目根目录，然后执行以下命令，把项目的所有静态资源文件复制到 settings. py 文件中 STATIC_ROOT 变量指向的目录下。

```
python manage.py collectstatic
```

如果 settings. py 文件中没有配置 STATIC_ROOT 变量，可在 settings. py 文件中添加以下配置后，再执行上一句命令。

```
STATIC_ROOT = os.path.join(BASE_DIR, "collect_static ")
```

9) 添加配置文件 web. config

在项目的 static/admin 目录下，创建新文件 web. config，并添加以下内容。

```xml
<?xml version = "1.0" encoding = "UTF - 8"?>
< configuration >
    < system. webServer >
        <!-- this configuration overrides the FastCGI handler to let IIS serve the static
files -->
        < handlers >
            < clear/>
            < add name = "StaticFile" path = " * " verb = " * " modules = "StaticFileModule"
resourceType = "File" requireAccess = "Read" />
        </handlers >
    </ system. webServer >
</configuration >
```

10）添加虚拟目录

在如图 4-20 所示的 IIS 管理器中，右击 kongfuzi 选项。在弹出的快捷菜单中选择"添加虚拟目录"命令，弹出如图 4-21 所示的界面。

11）设置虚拟目录

在如图 4-21 所示的界面中，输入"别名"为 static；选择"物理路径"为 C:\kongfuzi\static，物理路径与 web.config 是同一路径，输入时需根据实际情况确定。

图 4-20　添加虚拟目录

图 4-21　虚拟目录设置

12）重启网站进行测试

启动 IIS 服务器和 kongfuzi 网站，并在浏览器中访问地址 http://localhost:8000/，测试部署结果。如果 IIS 启动后，网站访问时出现"不能在此路径中使用此配置节点。如果在父级别上锁定了该节点，便会出现这种情况"的问题，解决方案如下。

应以管理员身份在命令提示符窗口执行以下命令解决。

```
C:\windows\system32\inetsrv\appCMD unlock config
 - section:system.webServer/handlers
```

其中，handlers 是网页错误信息中的关键信息，表示节点名称。如果网页中提示 modules 也被锁定，可以继续执行以下命令解决。

```
C:\windows\system32\inetsrv\appCMD unlock config
 - section:system.webServer/modules
```

*任务 4.3　Linux（Nginx＋uWSGI）部署

任务描述

本任务以虚拟机的方式使用 Linux 操作系统，虚拟机使用的是 VirtualBox，操作系统使用的是 CentOS 7。至于 VirtualBox 和 CentOS 的安装和使用方法,可查阅相关教程。

CentOS(Community Enterprise Operating System,社区企业操作系统)是 Linux 发行版之一,是免费、开源、可以重新分发的开源操作系统。

CentOS Linux 发行版是一个稳定、可预测、可管理和可复现的平台,源于 Red Hat Enterprise Linux(RHEL),依照开放源代码(大部分是 GPL 开源协议)规定释出的源代码编译而成。

本任务使用两种部署方式,即简单部署和上线部署。简单部署使用"Nginx + Django"方式,上线部署使用"Nginx + uWSGI + Django"方式。

"Nginx + Django"的工作原理是用户通过浏览器向 Nginx 发送请求(使用 HTTP 协议),Nginx 对请求类型进行判断,如果请求的是静态资源,则转向静态资源所在的位置(在 nginx.conf 文件中对静态资源的位置进行配置),直接返回给浏览器;如果访问的是动态资源,则通过反向代理(在 nginx.conf 文件中配置反向代理)转向对应的 Django 服务,Django 服务处理请求后,返回结果给 Nginx,Nginx 再把结果返回给浏览器。

"Nginx + uWSGI + Django"的工作原理是:该方式在上一方式的基础上多了一个 uWSGI。当 Nginx 接收到浏览器的动态请求时,转发请求给 uWSGI 服务(需要在 nginx.conf 中配置 uwsgi_pass,指向 uWSGI);uWSGI 接收到请求后,根据 uwsgi.ini 中的配置调用 Django 服务;Django 服务处理请求后,返回 uWSGI;uWSGI 返回给 Nginx,Nginx 再把数据返回给浏览器。

任务目标

掌握 CentOS 中安装 Python 及依赖库的方法。
掌握 CentOS 中虚拟环境的安装和配置方法。
掌握 CentOS 中安装第三方包的方法。
掌握"Nginx + Django"的部署方法。
掌握"Nginx + uWSGI + Django"的部署方法。
掌握 Linux 下的相关命令。

任务实施

1. 安装虚拟机和操作系统

VirtualBox 的下载地址为 https://www.virtualbox.org/wiki/Downloads。CentOS 7 的下载地址为 http://mirrors.aliyun.com/centos/7/isos/x86_64/。安装配置方法略,可查阅相关教程。

2. 安装 Python 3 的相关依赖库

启动 CentOS 操作系统,并启动终端命令行窗口,执行以下命令,安装 Python 依赖库:

```
yum install gcc patch libffi-devel python-devel zlib-devel bzip2-devel openssl-devel
ncurses-devel sqlite-devel readline-devel tk-devel gdbm-devel db4-devel libpcap-
devel xz-devel -y
```

如果没有管理员权限,使用以下命令切换到 root 账号,再执行以上安装命令。

```
su root
```

3. 安装 Python 3.8

在 CentOS 终端命令行窗口执行以下命令,下载 Python。

```
wget https://www.python.org/ftp/python/3.8.7/Python-3.8.7.tgz
```

继续执行以下命令,解压 Python 安装包。

```
tar -zxvf Python-3.8.7.tgz
```

继续执行以下命令,切换到 Python-3.8.7 目录下。

```
cd Python-3.8.7
```

继续执行以下命令,配置 Python 程序安装的位置。

```
./configure prefix=/usr/local/python3
```

继续执行以下命令,安装 Python 程序。

```
make && make install
```

继续执行以下命令,查看当前所处的目录。

```
pwd /usr/local
```

继续执行以下命令,查看当前目录下的所有文件。

```
ls
```

4. 设置软件链接

在 CentOS 终端命令行窗口执行以下命令,创建 python3 的软连接。

```
ln -s /usr/local/python3/bin/python3.8 /usr/bin/python3
```

继续执行以下命令,添加 pip3 的软连接。

```
ln -s /usr/local/python3/bin/pip3.8 /usr/bin/pip3
```

继续执行以下命令,检测安装结果。

```
python3
```

5. 安装虚拟环境

在 CentOS 终端命令行窗口执行以下命令,安装虚拟环境。

```
pip3 install virtualenv
```

继续执行以下命令,升级 pip 程序。

```
pip3 install -- upgrade pip
```

继续执行以下命令,创建 virtualenv 的软连接。

```
ln - s /usr/local/python3/bin/virtualenv /usr/bin/virtualenv
```

6. 创建虚拟环境

在 CentOS 终端命令行窗口定位到/usr/local 目录,执行以下命令,创建虚拟环境。

```
virtualenv myenv
```

继续执行以下命令,激活虚拟环境。

```
source /usr/local/myenv/bin/activate
```

继续执行以下命令,退出虚拟环境。

```
deactivate
```

注意:激活虚拟环境和退出虚拟环境要使用同样的账号;否则可能进入了某一虚拟环境,却不能退出该虚拟环境。

7. 安装 MySQL

在 CentOS 终端命令行窗口执行以下命令,安装 MySQL 服务。

```
yum install mysql - server
```

如果以上命令出错,需执行以下命令后再执行以上命令。

```
yum - y install wget
wget http://repo.mysql.com/mysql - community - release - el7 - 5.noarch.rpm
ls - 1 /etc/yum.repos.d/mysql - community *
yum install mysql - server
```

继续执行以下命令,设置 MySQL 服务随系统启动。

```
chkconfig -- level 235 mysqld on
```

继续执行以下命令,启动 MySQL 服务。

```
systemctl start mysqld
```

继续执行以下命令，进入 MySQL 交互式命令行状态。

```
mysql - u root - p
```

在 MySQL 交互式命令窗口下执行以下命令，设置 MySQL 数据库的账号和密码。

```
set password for 'root'@'localhost' = password('123456');
```

在 MySQL 交互式命令窗口下执行以下命令，创建远程可以登录的账号。

```
create USER root@'%' IDENTIFIED BY '123456';
```

在 MySQL 交互式命令窗口下，执行以下命令，对数据库进行授权，允许 root 用户操作所有的数据库和所有的表，而且所有 IP 都能访问。对于真实项目，如此授权是非常危险的，往往仅针对某些库、某些表和某些 IP 地址进行授权。更详细的授权操作，可查阅相关文档。

```
GRANT ALL ON * . * TO 'root'@'%';
```

在 MySQL 交互式命令窗口下执行以下命令，进行防火墙配置，设置防火墙不拦截 3306 端口。

```
yum install firewalld
firewall - CMD -- zone = public -- add - port = 3306/tcp -- permanent
firewall - CMD -- reload
```

在 MySQL 交互式命令窗口下，使用 ifconfig 命令，可以查询 CentOS 的 IP 地址。

在 Windows 实体机上使用 Navicat 连接 CentOS 虚拟机中的 MySQL 时，在连接配置中输入虚拟机的 IP 地址即可。连接成功后，创建数据库 kongfuzi，导入数据库脚本 kongfuzi.sql，其他所有操作与实体机完全一致。

8. 安装第三方包

首先，使用目录共享方式或其他方式，把整个 kongfuzi 项目复制到虚拟机的/usr/local 目录下。然后，把开发环境中使用"pip3 freeze > requirements.txt"命令生成的文件 requirements.txt 也复制到 kongfuzi 项目的根目录下。最后，在虚拟机中启动终端命令窗口，定位到 kongfuzi 项目的根目录，执行以下命令，安装 requirements.txt 列出的所有依赖库。

```
pip3 install - r requirements.txt
```

以上安装过程中，如果出现某些第三方库安装出错，可根据错误提示查找原因，寻找解决办法。如果 MySQL 客户端安装不上，先执行以下语句，再进行安装。

```
yum install mysql - devel gcc gcc - devel python - devel
```

197

9. 启动 Django 服务

在 CentOS 终端命令行窗口下,定位到 kongfuzi 项目的根目录,执行以下命令启动 Django 服务。

```
python manage.py runserver
```

如果出现以下错误提示,表明不支持此 MySQL 版本,需要重新安装 MySQL。

```
django.db.utils.NotSupportedError: MySQL 5.7 or later is required (found 5.6.51).
```

10. 升级 MySQL 版本

在 CentOS 终端命令行窗口执行以下命令,备份数据库文件。

```
mysqldump - u root - p kongfuzi > kongfuzi.sql
```

继续执行以下命令,停止 MySQL 服务。

```
service mysql stop
```

继续执行以下命令,检查当前安装的 MySQL。

```
rpm - qa | grep mysql
```

如果输出以下内容(实际情况会有出入),需要全部删除。

```
mysql - community - release - el7 - 5.noarch
mysql - community - libs - 5.6.51 - 2.el7.x86_64
mysql - community - server - 5.6.51 - 2.el7.x86_64
mysql - community - client - 5.6.51 - 2.el7.x86_64
mysql - community - devel - 5.6.51 - 2.el7.x86_64
mysql - community - common - 5.6.51 - 2.el7.x86_64
```

继续执行以下命令,删除所有 MySQL 相关的内容。

```
rpm - e mysql - community - release - el7 - 5.noarch
rpm - e mysql - community - libs - 5.6.51 - 2.el7.x86_64
rpm - e mysql - community - server - 5.6.51 - 2.el7.x86_64
rpm - e mysql - community - client - 5.6.51 - 2.el7.x86_64
rpm - e mysql - community - devel - 5.6.51 - 2.el7.x86_64
rpm - e mysql - community - common - 5.6.51 - 2.el7.x86_64
```

继续执行以下命令,查看 MySQL 的相关文件。

```
find / - name mysql
```

继续执行以下命令,查看 MySQL 的所在位置。

```
whereis mysql
```

如果出现以下内容，需要进行删除。

```
mysql: /usr/share/mysql
```

继续执行以下命令，删除 MySQL 目录。

```
rm - rf /usr/share/mysql
```

继续执行以下命令，删除其他有关的 MySQL 服务。

```
rm - rf /var/lib/mysql
rm - rf /etc/my.cnf
rm   rf /var/log/mysqld.log
```

继续执行以下命令，下载符合要求的 MySQL 安装文件。

```
wget
https://dev.mysql.com/get/mysql57 - community - release - el7 - 11.noarch.rpm
```

继续执行以下命令，解压 MySQL 程序。

```
rpm - ivh mysql57 - community - release - el7 - 11.noarch.rpm
```

继续执行以下命令，安装 MySQL 程序。

```
yum install mysql - server
```

如果出现类似 Couldn't open file letc/pki/rpm-gpg/RPM-GPG-KEY-mysql-2022 的错误，执行以下语句后，再执行安装命令即可。

```
rpm -- import https://repo.mysql.com/RPM - GPG - KEY - mysql - 2022
```

继续执行以下命令，检查安装情况。

```
rpm - qa | grep mysql
```

如果出现以下内容，表明安装成功。

```
mysql57 - community - release - el7 - 11.noarch
mysql - community - server - 5.7.41 - 1.el7.x86_64
mysql - community - common - 5.7.41 - 1.el7.x86_64
mysql - community - libs - 5.7.41 - 1.el7.x86_64
mysql - community - client - 5.7.41 - 1.el7.x86_64
```

继续执行以下命令，启动 MySQL 服务。

```
systemctl start mysqld.service #启动 MySQL
```

重启和停止 MySQL 服务的命令如下。

```
systemctl restart mysqld.service          # 重启 MySQL
systemctl stop mysqld.service             # 停止 MySQL
```

继续执行以下命令,设置 MySQL 服务随开机启动。

```
systemctl enable mysqld.service  # 设置 MySQL 随开机启动
```

继续执行以下命令,使用 vi 编辑器打开 my.cnf 配置文件。

```
vi /etc/my.cnf
```

在 vi 编辑器中输入 i,并添加以下语句,关闭 MySQL 数据库的认证。

```
skip-grant-tables
```

按 Esc 键并输入":wq",保存配置,退出 vi 编辑器。继续执行以下命令,重新启动 MySQL 服务。

```
service mysqld restart
```

继续执行以下命令,使用无密码方式进入 MySQL 交互式命令行状态。

```
mysql -u root -p
```

在 MySQL 交互式命令窗口下,使用以下命令更新 root 账号的密码。

```
update user set authentication_string = password("123456") where user = 'root';
```

两次使用 vi 编辑器编辑 my.cnf 配置文件,注释掉 skip-grant-tables 语句,重新启动 MySQL 服务。使用有密码方式进入 MySQL 交互式命令窗口,然后使用以下命令,可以设置 root 账号的密码。

```
set password for 'root'@'localhost' = password('123456');
```

在 MySQL 交互式命令窗口下,使用以下命令创建可远程登录的账号。

```
create USER root@'%' IDENTIFIED BY '123456';
```

在 MySQL 交互式命令窗口下,使用以下命令进行数据库授权。

```
GRANT ALL ON *.* TO 'root'@'%';
```

在虚拟机终端命令行窗口使用以下命令配置防火墙,开放 3306 端口。

```
yum install firewalld
firewall-CMD --zone=public --add-port=3306/tcp --permanent
firewall-CMD --reload
```

在虚拟机终端命令行窗口使用以下命令,恢复数据库的数据。

```
mysql - u root - p kongfuzi < kongfuzi.sql
```

11. 安装 Nginx

1）安装 Nginx 相关依赖库

GCC：安装 Nginx 需要先将官网下载的源代码进行编译，编译依赖 GCC（GNU Compiler Collection，GNU C 语言编译器）环境，如果没有 GCC 环境，则需要进行安装。在虚拟机终端命令行窗口使用以下命令安装 GCC。

```
yum install gcc - c++
```

PCRE：PCRE（Perl Compatible Regular Expressions）是一个 perl 库，包括与 perl 兼容的正则表达式库。Nginx 的 HTTP 模块使用 PCRE 来解析正则表达式，所以需要在 Linux 上安装 PCRE 库，pcre-devel 是使用 PCRE 开发的一个二次开发库，Nginx 也需要此库。在虚拟机终端命令行窗口使用以下命令安装 PCRE。

```
yum install - y pcre pcre - devel
```

zlib：zlib 库提供了很多种压缩和解压缩的方式，Nginx 使用 zlib 对 HTTP 包的内容进行压缩和解压缩，所以需要在 CentOS 上安装 zlib 库。在虚拟机终端命令行窗口使用以下命令，安装 zlib。

```
yum install - y zlib zlib - devel
```

OpenSSL：OpenSSL 是一个强大的安全套接字层密码库，包括主要的密码算法、常用的密钥和证书封装管理功能及 SSL（Secure Sockets Layer，SSL，即安全套接层）协议，并提供丰富的应用程序供测试或其他目的使用。Nginx 不仅支持 HTTP 协议，还支持 HTTPS（即在 SSL 协议上传输 HTTP），所以需要在 CentOS 上安装 OpenSSL 库。在虚拟机终端命令行窗口使用以下命令，可安装 OpenSSL。

```
yum install openssl openssl - devel
```

2）编译并安装 Nginx

在虚拟机终端命令行窗口使用以下命令，可下载 Nginx 安装包。

```
wget http://nginx.org/download/nginx - 1.20.1.tar.gz
```

在虚拟机终端命令行窗口使用以下命令，可解压 Nginx 安装包。

```
tar - xzvf nginx - 1.20.1.tar.gz
```

在虚拟机终端命令行窗口使用以下命令，可编译并安装 Nginx。

```
cd nginx - 1.20.1
./configure -- prefix = /opt/nginx1201/
make && make install
```

3）启动 Nginx

在虚拟机终端命令行窗口使用以下命令，启动 Nginx 服务。

```
/opt/nginx1201/sbin/nginx
```

在虚拟机终端命令行窗口中，先进入 sbin 目录，再执行以下命令，也可以启动 Nginx 服务。

```
./nginx
```

4）关闭 Nginx

在虚拟机终端命令行窗口使用以下命令，可关闭 Nginx 服务。

```
/opt/nginx1201/sbin/nginx – s stop
```

在虚拟机终端命令行窗口进入 sbin 目录后，再执行以下命令，也可以关闭 Nginx 服务。

```
./nginx – s stop
```

5）重启 Nginx

在虚拟机终端命令行窗口执行以下命令，可重启 Nginx 服务。

```
/opt/nginx1201/sbin/nginx – s reload
```

在虚拟机终端命令行窗口中，进入 sbin 目录后，再执行以下命令，也可以重启 Nginx 服务。

```
./nginx – s reload
```

6）配置 PATH 变量

在虚拟机终端命令行窗口执行以下命令，可把 Nginx 安装目录下的 sbin 所在路径添加到 PATH 变量中。

```
PATH = $ PATH:/opt/nginx1201/sbin/
```

以后启动、停止、重新启动 Nginx 就不用进入 sbin 目录去执行相应的命令，也不用去记忆 Nginx 到底安装在什么地方，直接使用命令"nginx""nginx-s stop""nginx-s reload"即可。

7）查找 Nginx

如果安装后没有配置 PATH，而且又忘记了安装目录，使用 whereis 和 which 命令都找不到 Nginx 的情况下，可用以下方式查找到安装目录。

在虚拟机终端命令行窗口首先使用以下命令，找到 Nginx 的进程 ID（前提是 Nginx 已经处于运行状态）。

```
ps – ef | grep nginx
```

假设输出内容如下（其中 27958 就是 Nginx 的进程 ID）。

```
root         27958              1 0 17:52 ?        00:00:00 nginx: master process nginx
nobody       27962 27958        0 17:52 ?          00:00:00 nginx: worker process
root         27980 25288        0 17:53 pts/0      00:00:00 grep -- color = auto nginx
```

再继续执行以下命令。

```
ls - l /proc/27958/exe
```

假设输出结果如下：

```
lrwxrwxrwx. 1 root root 0 4 月      7 17:55 /proc/27958/exe -> /opt/nginx1201/sbin/nginx
```

则/opt/nginx1201 就是 Nginx 的安装路径，/opt/nginx1201/sbin/下的 nginx 就是可执行命令。

12. 执行项目的发布

1）进入项目根目录后首先执行的命令

```
nohup python3 manage. py runserver 127. 0. 0. 1:8000 &
```

使用"&"命令后，作业被提交到后台运行。当前控制台没有被占用，但是一旦把当前控制台关掉（退出账户时），作业就会停止运行。nohup 命令可以在退出账户之后继续运行相应的进程。nohup 就是不挂起的意思。该命令的一般形式如下。

```
nohup command &
```

2）查看运行情况

```
ps - ef |grep python3
```

3）配置 Nginx 反向代理

在虚拟机终端命令行窗口中，定位到/opt/nginx1201/conf 目录，使用 vi 编辑器打开 nginx. conf 配置文件，并作以下修改，只需要删除这 3 句前面原有的"#"即可。

```
log_format main '$ remote_addr -  $ remote_user [ $ time_local] " $ request" '
                '$ status $ body_bytes_sent " $ http_referer" '
                '" $ http_user_agent" " $ http_x_forwarded_for";
```

注释掉原有的 server 配置，添加如下新的 server 配置，需要确保该 server 配置在文件中的 HTML 节点下。

```
server {
    listen 80;                      # 暴露给外部访问的端口，即浏览器用户访问的端口
    server_name localhost;          # 服务器地址、IP 或域名
    charset utf - 8;                # 字符编码
```

```
        access_log logs/host.access.log main;   #访问日志记录文件
        location / {
            proxy_pass http://localhost:8000/;  #Django; #Django 服务器启动的地址和端口号
        }
location /static/ {
                root /home/test/kongfuzi/; #必须准备指向 Django 项目中 static 所在的位
置,这个 static 可以放到其他地方,相应修改路径即可
        }
}
```

4）启动 Nginx

在虚拟机终端命令行窗口执行以下命令,启动 Nginx 服务。

```
nginx
```

5）检测部署效果

通过浏览器检测是否可以访问 http://127.0.0:8000,http://localhost:8000,
http://127.0.0.1 和 http://localhost 页面,前两个仅通过 Django 的服务器进行访问,
后两个需经过 Nginx 的反向代理进行访问。

13. 上线发布

1）安装 uWSGI

在虚拟机终端命令行窗口执行以下命令,安装 uWSGI。

```
pip install uwsgi
```

2）配置 nginx.conf 文件

在虚拟机终端命令行窗口中,定位到/opt/nginx1201/conf 配置文件目录,并使用 vi
编辑器修改 nginx.conf 配置文件,在文件首添加以下语句。

```
user root;
#user nobody;
```

注释掉其他 server 配置,添加以下 server 配置,并且以下 server 配置必须放在配置
文件的 HTML 节点内。

```
server {
        listen 80;                              #Nginx 暴露给外部访问的端口,即浏览器用户
        server_name localhost;                  #服务器地址,域名或 IP 地址
        charset utf-8;                          #字符编码
        location / {
                include uwsgi_params;
                uwsgi_pass localhost:9999;      #uWSGI 的 IP 地址及端口
        }
        location /static/ {
```

```
            root /home/test/kongfuzi/; #必须准备指向 Django 项目中 static 所在的位
置,这个 static 可以放到其他地方,相应修改路径即可
        }
}
```

3) 配置 uwsgi. ini

在虚拟机终端命令行窗口中,定位到 kongfuzi 项目的根目录,即与 manage. py 同位置的目录。使用 vi 编辑器创建并打开 uwsgi. ini 文件。

```
vi uwsgi. ini
```

在 uwsgi. ini 文件中,输入以下内容后并保存。

```
[uwsgi]
socket = localhost:9999          #必须与 nginx. conf 配置文件中的定义完全一致,否则 Nginx
访问不到
chdir = /home/test/kongfuzi      #Django 项目所在位置的根目录
wsgi - file = kongfuzi/wsgi.py   #wsgi.py 文件相对于项目根目录的位置
module = kongfuzi.wsgi           #wsgi.py 所在的包及名称,不加 .py
master = true                    #是否允许主进程存在
processes = 5                    #工作进程数,可修改值
threads = 5                      #工作线程数,可修改值
virtualenv = /usr/local/myenv    #虚拟环境的路径,如果使用了虚拟环境
vacuum = true                    #服务器退出时自动清除环境
pidfile = uwsgi.pid              #指定 pid 文件的位置,记录主进程的 pid 号
daemonize = myuwsgi.log          #记录运行的日志文件
```

4) 使用 uWSGI 启动 Django 项目

在虚拟机终端命令行窗口使用以下命令,启动 Django 项目。

```
uwsgi -- ini uwsgi. ini
```

5) 查看 uWSGI 的启动情况

在虚拟机终端命令行窗口使用以下命令,查看 uWSGI 的启动情况。

```
ps - ef|grep uwsgi
```

6) 关闭 uWSGI 服务

在虚拟机终端命令行窗口使用以下命令,关闭 uWSGI 服务。

```
killall uwsgi
```

7) 执行项目文件授权

没有授权的静态文件不能访问,会出现 403 错误。在虚拟机终端命令行窗口下,进入项目根目录,执行以下命令,对项目文件进行授权。

```
chmod - R 777 *
```

如果仅对 static 授权，在虚拟机终端命令行窗口执行以下命令即可。

```
chmod - R 777 static
```

授权相关的详细使用方法，可查阅 Linux 相关手册和资料。

8）验证部署结果

在虚拟机终端命令行窗口中，进入 Nginx 的 sbin 目录，执行以下命令，重启 Nginx 服务。

```
./nginx - s reload
```

在虚拟机终端命令行窗口下，进入项目根目录，即 uwsgi.ini 所在的目录，执行以下命令，杀掉所有 uWSGI 的进程。

```
killall uwsgi
```

在虚拟机终端命令行窗口执行以下命令，重新启动 uWSGI 服务。

```
uwsgi - ini uwsgi.ini
```

然后，通过浏览器访问 http://localhost，检测结果。

9）实体机访问虚拟机

需要配置防火墙，在虚拟机终端命令行窗口执行以下命令即可。

```
/sbin/iptables - I INPUT - p tcp -- dport 80 - j ACCEPT
```

如果使用 localhost，127.0.0.1，192.168.0.102 等访问时报 DISALLOWEDHOST 信息，只需要把要使用的地址配置到 Django 项目的 settings.py 文件中即可。作如下类似的配置。

```
ALLOWED_HOSTS = ['localhost','127.0.0.1','192.168.0.102']
```

拓展阅读

一、中国公有云服务行业

1. 公有云服务应用情况

1）大数据平台公有云服务

大数据平台公有云市场，即以公有云形式提供支持数据分析的大数据管理、集成软件，包括分布式大数据平台、核心组件以及数据集成工具。

2）公有云托管安全服务

数字化转型浪潮下，众多新兴技术快速发展，云计算作为其中重要的新型基础设施在政策和市场需求的共同推动下迎来了巨大的发展机遇。与此同时，云上的安全问题也受到了最终用户的关注。在此背景下,公有云托管安全服务秉承维护用户云上安全为宗旨,以其方便、快捷、高效、专业的优势开始被众多用户选择,市场迎来快速发展期。

2. 市场竞争格局

从厂商市场竞争格局来看,目前我国公有云服务市场份额较为集中。据中国信息通信研究院对 2023 年全年数据调查统计,阿里云、天翼云、移动云、华为云、腾讯云、联通云占据中国公有云 IaaS 市场份额前六;公有云 PaaS 方面,阿里云、百度云、华为云、腾讯云、天翼云、移动云处于领先地位。[数据来源:中国信通院《云计算白皮书》(2024 年)]

3. 公有云服务行业重点企业

1)阿里云

阿里云创立于 2009 年,是全球领先的云计算及人工智能科技公司,致力于以在线公共服务的方式,提供安全、可靠的计算和数据处理能力。阿里云服务着制造、金融、政务、交通、医疗、电信、能源等众多领域的领军企业,包括中国联通、12306、中石化、中石油、飞利浦、华大基因等大型企业客户,以及微博、知乎等明星互联网公司。

2)天翼云

天翼云是中国电信旗下云计算品牌,于 2016 年被中国电信注册,是中国电信旗下的云计算服务提供商。2016 年,天翼云发布天翼云 3.0,全面升级技术,改善服务质量、创新业务产品,提升"天翼云"核心竞争力,满足各行业对云计算的需求。

3)腾讯云

腾讯是中国最大的互联网综合服务提供商之一,也是中国服务用户最多的互联网企业之一。2020 年,腾讯会议、政务平台等基于云服务的产品表现突出,腾讯云布局更多 5G 和工业互联网技术。目前腾讯已有 300 多款原生产品共同筑建完善的云产品体系。

4)华为云

华为打造了覆盖智慧城市、金融等 10 余个行业的 100 多个场景化解决方案。华为提出以云为基础、以 AI 为核心的全新智能体开放技术架构,目前已上线 220 多个云服务、210 多个解决方案。"十四五"期间,深度参与政务云市场,在财政一体化、智慧城市建设方面,基于云原生技术助力政务云与智慧城市业务的逐步融合。

5)移动云

移动云是一家云服务综合服务商,面向企事业单位、开发者等客户推出基于云计算技术、采用互联网模式、提供基础资源、平台能力、软件应用等服务的业务。移动云是建立在中国移动"大云"的基础上,自主技术研发而成的公有云平台,通过服务器虚拟化、对象存储、网络安全能力自动化、资源动态调度等技术,将计算、存储、网络、安全、大数据、开放云市场等作为服务提供,客户根据其应用的需要可以按需使用、按使用付费。

二、中国超级计算机行业

中国在超级计算机方面发展迅速,已跃升到国际先进水平国家行列,且是第一个以发展中国家的身份制造了超级计算机的国家。在 1983 年就研制出第一台超级计算机——"银河-Ⅰ",使中国成为继美国、日本之后第三个能独立设计和研制超级计算机的国家。以国产微处理器为基础制造出本国第一台超级计算机,名为"神威蓝光",在 2019 年 11 月

TOP 500 组织发布的世界超级计算机 500 强榜单中,中国占据了 227 个,"神威·太湖之光"超级计算机位居榜单第三位,"天河二号"超级计算机位居第四位。

中国的计算机行业起步并不算晚,通过学习苏联的计算机技术,1958 年 8 月 1 日中国第一台数字电子计算机——103 机诞生。进入 20 世纪 70 年代,中国对于超级计算机的需求日益激增,中长期天气预报、模拟风洞实验、三维地震数据处理,以及新武器的开发和航天事业都对计算能力提出了新的要求。为此中国开始了对超级计算机的研发,并于 1983 年 12 月 4 日研制成功"银河-Ⅰ"超级计算机,并继续成功研发了"银河-Ⅱ""银河-Ⅲ""银河-Ⅳ"系列的"银河"超级计算机,使我国成为世界上少数几个能发布 5～7 天中期数值天气预报的国家之一。1992 年我国成功研制"曙光一号"超级计算机,在发展"银河"和"曙光"系列的同时,发现由于向量型计算机自身的缺陷很难继续发展,需要发展并行型计算机,于是我国开始研发"神威"超级计算机,并在"神威"超级计算机基础上研制了"神威蓝光"超级计算机。2002 年联想集团研发成功"深腾 1800"型超级计算机,并开始发展"深腾"系列超级计算机。

表 4-2 列出了中国超级计算机的发展历程。

表 4-2   中国超级计算机一览表

计算机名称	研制成功时间	运 行 速 度	备 注
银河-Ⅰ	1983 年	1 亿次/秒	
银河-Ⅱ	1994 年	10 亿次/秒	
银河-Ⅲ	1997 年	130 亿次/秒	
银河-Ⅳ	2000 年	1 万亿次/秒	
天河一号	2009 年	1206 万亿次/秒(2009 年) 2566 万亿次/秒(2010 年及以后)	
天河二号	2014 年	3.39 亿亿次/秒	全球第 62 期超算排名第 14
曙光三号	1992 年	6.4 亿次/秒	
曙光 1000	1995 年	25 亿次/秒	
曙光 1000A	1996 年	40 亿次/秒	
曙光-2000Ⅰ	1998 年	200 亿次/秒	
曙光-2000Ⅱ	1999 年	1117 亿次/秒	
曙光-3000	2000 年	4032 亿次/秒	
曙光-4000L	2003 年	4.2 万亿次/秒	
曙光-4000A	2004 年	11 万亿次/秒	
曙光-5000A	2008 年	230 万亿次/秒	
曙光-星云	2010 年	1271 万亿次/秒	
曙光-6000	2011 年	1271 万亿次/秒	采用曙光星云系统
神威-Ⅰ	1999 年	3840 亿次/秒	
神威 3000A	2007 年	18 万亿次/秒	
神威·太湖之光	2016 年	9.3 亿亿次/秒	全球第 62 期超算排名第 11
深腾 1800	2002 年	1 万亿次/秒	
深腾 6800	2003 年	5.3 万亿次/秒	
深腾 7000	2008 年	106.5 万亿次/秒	
深腾 X8800	2016 年	1000 万亿次/秒	

数据来源:百度百科。

课后练习

简答题

1. 要在 IIS 服务器中部署 Django 项目,首先需要安装什么模块?

2. 使用了静态资源与未使用静态资源的项目相比,在部署到 IIS 服务器时,需要额外执行哪些操作?

3. 请写出安装、删除、启动、重起 Apache 服务的命令,以及删除安装的 Apache 服务的命令。

4. Django 项目创建后,项目目录下有哪些文件?各自的作用是什么?

5. 请写出启动、关闭、重启 Nginx 服务及检查 Nginx 配置的命令。

项目 4 习题参考答案

参 考 文 献

[1] 胡阳.Django 企业开发实战 高效 Python Web 框架指南[M].北京：人民邮电出版社,2019.

[2] 明日科技.Python 编程入门指南[M].北京：电子工业出版社,2019.

[3] 埃里克·马瑟斯.Python 编程从入门到实践[M].3 版.袁国忠,译.北京：人民邮电出版社,2023.

[4] 安迪·巴德.精通 CSS 高级 Web 标准解决方案[M].3 版.李松峰,译.北京：人民邮电出版社,2019.

[5] 弗兰纳根.JavaScript 权威指南[M].7 版.李松峰,译.北京：机械工业出版社,2021.

[6] 西尔维娅·博特罗斯.高性能 MySQL[M].4 版.李海元,译.北京：电子工业出版社,2022.